食品标准与食品安全管理

庞艳华　孙晓飞　编著

北京工业大学出版社

图书在版编目（CIP）数据

食品标准与食品安全管理 ／ 庞艳华，孙晓飞编著
． － 北京 ： 北京工业大学出版社，2021.7
ISBN 978-7-5639-8057-4

Ⅰ．①食… Ⅱ．①庞… ②孙… Ⅲ．①食品标准－基
本知识②食品安全－安全管理－基本知识 Ⅳ.
① TS207.2② TS201.6

中国版本图书馆 CIP 数据核字（2021）第 132793 号

食品标准与食品安全管理

SHIPIN BIAOZHUN YU SHIPIN ANQUAN GUANLI

编　　著：庞艳华　孙晓飞
责任编辑：邓梅菡
封面设计：知更壹点
出版发行：北京工业大学出版社
　　　　　（北京市朝阳区平乐园 100 号　邮编：100124）
　　　　　010-67391722（传真）　bgdcbs@sina.com
经销单位：全国各地新华书店
承印单位：唐山市铭诚印刷有限公司
开　　本：710 毫米 ×1000 毫米　1/16
印　　张：12.25
字　　数：245 千字
版　　次：2023 年 4 月第 1 版
印　　次：2023 年 4 月第 1 次印刷
标准书号：ISBN 978-7-5639-8057-4
定　　价：68.00 元

作者简介

庞艳华,博士,大连海关技术中心研究员。主要从事食品、农产品检测和食品安全领域研究工作。

孙晓飞,硕士,大连海关技术中心高级兽医师。主要从事食品微生物标样研制、海洋生物毒素检测等工作。

前　言

当今世界，无论是发达国家还是发展中国家，保证食品安全都是其政府和企业对社会最基本的责任和必须做出的承诺。食品安全与民众生命和健康紧密相连，具有唯一性和强制性，通常属于政府保障或强制的范畴。食品安全问题是社会问题，涉及政策、监管、行业自律、企业道德、市场规范等诸多因素，是公共健康所面临的最主要威胁之一。对照世界各国的食品安全做法，我们应认识到我国食品安全体系尚存在一些问题，加强和完善我国的食品安全体系迫在眉睫。

食品安全关系人民群众的身体健康和生命安全，关系中华民族的未来。《中共中央 国务院关于深化改革加强食品安全工作的意见》要求，食品安全工作要遵循"四个最严"要求，即建立最严谨的标准、实施最严格的监管、实行最严厉的处罚和坚持最严肃的问责。而食品标准与法规是食品安全现代化治理体系的重要组成部分，也是食品质量与安全的重要保障。从根本上讲，"四个最严"与食品标准及法规密切相关。

全书共7章，重点介绍了食品标准与食品安全管理的相关知识，主要内容包括标准化与标准制定，我国食品标准体系，国际上的食品标准与贸易协议，我国食品生产经营许可与认证，食品安全与质量管理体系，食品卫生、安全与质量监管，以及食品安全监督与管理的应用。本书内容对接目前国家管理食品行业的相关政策和要求，将最新的食品标准与法规内容和食品政策融入教材。由于食品标准和法规更新较快，在实际应用中，读者仍需密切关注相关内容的最新变化。

本书由大连海关技术中心庞艳华、孙晓飞编写，庞艳华主要负责第1章至第3章以及第5章的撰写工作，孙晓飞主要负责第4章、第6章、第7章的撰写工作。

由于时间和编写者的水平有限，书中难免存在不足之处，敬请广大读者对本书提出宝贵意见。

目　　录

1 标准化与标准制定

标准是人类智慧的结晶之一。人类社会文明发展得越快，标准占有的地位就越重要，发挥的作用也就越大。标准化是人类在长期生产实践过程中逐渐摸索和创立起来的一门科学，也是一门重要的应用技术。标准化是组织现代化生产的重要手段，是发展市场经济的技术基础，是科学管理的重要组成部分。标准化水平反映了一个国家的生产技术水平和管理水平。本章分为标准与标准化、标准分类与基本内容、标准的制定、标准的编写等四节。

1.1 标准与标准化

1.1.1 标准

标准是一种特殊规范。法学意义上的规范是指某一种行为的准则、规则，在技术领域泛指标准、规程等。一般情况下，规范可分为两大类：一是社会规范，即调整人们在社会生活中相互关系的规范，如法律、法规、规章、制度、政策、纪律、道德、教规、习俗等；二是技术规范，即人们如何利用自然力、生产工具、交通工具等应遵循的技术规则。标准从本质上属于技术规范范畴。

标准具有规范的一般属性，是社会和社会群体的共同意识，即社会意识的表现。标准不仅要被社会所认同（协商一致），而且须经过权威机构批准。因此，标准同社会规范一样，是人们在社会活动（包括生活活动）中的行为规则。标准是具有一般性的行为规则，它不是针对具体人，而是针对某类人在某种状况下的行为规范。

标准是社会实践的产物，它产生于人们的社会实践，并服从和服务于人们的社会实践。

标准受社会经济制度的制约，是一定经济要求的体现。标准是进行社会调整、

1

建立和维护社会正常秩序的工具。标准规范人们的行为，使之尽量符合客观的自然规律和技术法则。

标准是被社会所认同的规范，这种认同是通过利益相关方之间的平等协商达到的。标准有特定的产生（制定）程序、编写原则和体例格式。

世界上多数国家的标准是经国家授权的民间机构制定的，因此，标准多不具有像法律法规那样代表国家意志的属性，它更多是以科学合理的规定，为人们提供一种最佳选择。当然，强制性国家标准是从业者必须执行的，其本质上具有法规性质。

1.1.2 标准化

市场经济运行的机制主要依靠标准化。如食品企业采用的标准是判定假冒伪劣商品的依据；技术经济合同、契约和纠纷仲裁的技术依据也是标准。市场运行机制是由多方面构成的，包括生产、市场、销售与管理等方面，从市场竞争机制、供求机制方面来看，标准化在健全机制和运行中发挥着举足轻重的作用。

标准化有利于建立公平的市场竞争机制。通过制定、采用、实施标准，建立衡量产品质量的依据，依据企业采用的标准判定产品是否合格，依据国家强制性标准判定产品质量是否安全、是否影响人体健康。通过法规规定，要求企业在产品的标签或说明书中标明采用的标准。这样，既有利于企业保护自身利益，又便于政府和消费者监督。

标准化有利于企业适应市场竞争的灵活性、时效性的需要。市场竞争不仅有产品品种、质量安全方面的竞争，而且有交货期限、产品价格、服务信誉等方面的竞争。因此，市场环境需要企业尽快采用国家统一的标准或者提供先进的标准，采用现代化的手段，尽快获得更多信息，缩短产品运送时间，快速销售产品。

标准化是市场经济活动的合同、契约和纠纷仲裁的技术依据。市场经济主体之间进行的各种商品交换和经济贸易往来，往往是通过契约的形式来实现的。在这些合同、契约中，标准化是不可缺少的重要内容。就产品合同而言，合同的内容要包括质量技术与安全的要求。而标准就是衡量产品质量与安全合格与否的主要依据。因此，合同中应明确规定产品质量达到什么标准、产品的安全性适用什么标准，并以此作为供需双方检验产品质量的依据。这样，就能使供需双方在产品质量问题上受到法律的保护和制约。

实践证明，一国政府在实行市场经济宏观调控中，标准化可以发挥重要作用，是可以运用的一种有效手段。标准化是一个国家制定产业技术政策的重要内容。

由于标准化对产业的技术发展具有重要的指导作用，因此，在制定和实施产业技术政策中，制定和实施什么样的标准，提倡采用什么标准，是其中的重要内容。如农产品质量安全标准对不同农药的使用范围和允许的最大残留限量都有着不同的要求，指导着我国农业产业结构调整目标和农产品质量安全水平。

国家制定法律规范，保障市场经济正常运行，保护消费者利益，同样需要标准化来支撑。法律法规是国家进行宏观调控的重要手段，是市场经济形成和发展所必需的基础条件，标准需要成为并且已经成为相关法律法规的重要内容。我国的《中华人民共和国标准化法》《中华人民共和国产品质量法》《中华人民共和国计量法》《中华人民共和国环境保护法》《中华人民共和国食品安全法》（以下简称《食品安全法》）等法律法规中，都对相关采用标准做出了明确规定。政府实施经济监督需要标准化。在经济监督中，包含质量、计量方面的监督。质量监督是检察机关和企业质量监督机构及其人员，依据管理的有关法规，依据有关质量标准，对产品质量、工程质量和服务质量所实行的监督。计量监督主要是依据计量法规，依照计量器用具对商品的数量实行监督。因此，标准已经成为判断质量好坏、依法处理质量问题、政府进行产品质量监督的重要依据，对保障和提高产品质量及产品安全等方面发挥着重要作用。

产品质量标准的制定要符合市场与顾客需求。标准化的作用之一就是要能够赢得市场竞争。市场竞争的实质是产品质量和人才的竞争。没有标准化也就没有竞争力。

1.1.3　标准与标准化之间的关系

标准与标准化之间具有密切的关系。标准是对一定范围内的重复性事物和概念所做的规定，是科学、技术和实践经验的总结，其表现形式为规范性文件。而标准化是为在一定的范围内获得最佳秩序，对实际的或潜在的问题制定共同的和重复使用的规则的活动，即制定、发布及实施标准的过程。可以说，标准化是确定标准的过程。因此，标准和标准化之间存在的关系是因果关系，标准是因，标准化是果。标准是标准化的基础，标准化是标准的普遍化。

制定标准是建立性的工作，标准化是实施性的工作。标准建立的水平关系到标准化的效果，先进、适用的标准将产生有益和积极的标准化效果，空泛的标准将会导致社会资源的浪费，错误的标准将会带来广泛的危害。标准的制定是收敛性的工作，标准的实施是发散性的工作。好的标准一定来自研究制定工作，即基于对标准制定对象深入研究、验证、实践检验，汇集专家集体智慧，收敛优化关系，使标准内容具有高度的知识权威性和可信任度，而不仅仅是文字表达的"起草"工作。若标准的制定工作只停留在单纯的"起草"方式上，将会编写成一个缺乏灵魂（科学、技术、知识、经验）的标准，形成文字化的格式躯壳。在标准制定完成后，标准化的形成是要使标准能被广泛获得，即扩散标准的发行范围，使标准全面地实施。

1.2 标准分类与基本内容

1.2.1 标准的分类

分类是人们认识事物和管理事物的一种方法。人们从不同的目的和角度出发，依据不同的准则，可以对标准进行不同分类，由此形成不同的标准种类。随着标准化事业的发展和标准化领域的扩展，标准的种类也在不断增多，标准分类问题变得较为复杂，同时，世界各国标准的分类方法各不相同。

1. 按标准的制定主体分类

根据标准的制定主体不同，标准一般分为国际标准、区域标准、国家标准、行业标准、地方标准、企业标准和团体标准。

（1）国际标准

国际标准指由国际性标准化组织制定并在世界范围内统一和使用的标准，包括由国际标准化组织（ISO）、国际电工委员会（IEC）、国际电信联盟（ITU）等组织制定的标准，以及被 ISO 确认并公布的其他国际组织所制定的标准，如联合国粮食及农业组织（FAO）、国际食品法典委员会（CAC）、国际乳品联合会（IDF）、世界卫生组织（WHO）等制定的标准。国际标准是世界各国进行贸易的基本准则和基本要求。

事实上，除了上述正式的国际标准以外，国际上还存在一些"事实上的国际标准"，即一些国际组织、专业组织或跨国公司制定的、在国际经济活动中客观上起着国际标准作用的标准。如欧洲的 Oeko-Tex Standard 100（国际生态纺织品标准 100）是世界上最权威、影响最广的生态纺织品标准，在国际贸易中作为产品检验和授予"生态纺织品"标志的依据；美国率先提出的 HACCP（危害分析及关键控制点）体系已发展成为国际食品行业普遍采用的食品安全管理标准，作为食品企业质量安全体系认证的依据。

（2）区域标准

区域标准又称地区标准，是指由世界区域性标准化组织通过并公开发布的标准。目前影响力较大的区域标准包括欧洲标准化委员会（CEN）标准、欧亚理事会标准化计量和认证组织（EASC）标准、太平洋地区标准大会（PASC）标准、亚太经济合作组织（APEC）标准、泛美技术标准委员会（COPANT）标准、阿拉伯标准化与计量组织（ASMO）标准和非洲地区标准化组织（ARSO）标准等。区域标准是该区域国家集团间进行贸易的基本准则和基本要求。

（3）国家标准

根据《中华人民共和国标准化法》的规定，我国标准按级别可分为国家标准、行业标准、地方标准和企业标准四类。这四个层次标准的区别主要在于它们的适用范围不同，并非标准技术水平高低的分级。

由我国国务院标准化行政主管部门批准发布的、需在全国范围内统一的技术要求，称为国家标准。国家标准是我国标准体系中的主体。国家标准一经批准发布实施，与国家标准相重复的行业标准、地方标准即行废止。国家标准的代号为"GB"（强制标准）或"GB/T"（推荐标准），国家标准编号由标准代号、标准发布顺序和标准发布年号构成，如 GB 1353—2018。

（4）行业标准

行业标准是指没有国家标准而又需要在全行业范围内统一的标准，可分为强制性标准和推荐性标准两种。行业标准由国务院有关行政主管部门制定，并报国务院标准化行政主管部门备案。在公布国家标准之后，重复的行业标准即行废止。涉及食品的主要行业有轻工业（QB）、农业（NY）、水产业（SC）、商业（SB）和化工业（HG）等。行业标准编号与国家标准相同，如轻工业标准编号QB/T 4630—2014。

（5）地方标准

地方标准是指没有国家标准和行业标准而又需在省、自治区、直辖市范围内统一的标准。地方标准由省、自治区、直辖市标准化行政主管部门制定，并报国务院标准化行政主管部门和国务院有关行业行政主管部门备案。在公布国家标准或者行业标准之后，重复的地方标准即行废止。地方标准的代号由"DB"加上省、自治区、直辖市行政区划代码前两位数字再加斜线组成，例如 DB 32/ 或 DB 32/T 为江苏省地方标准的代号，而 DB 3205/T 206—2011《豆芽工厂化生产技术规程》则为江苏省苏州市地方推荐标准。

（6）企业标准

企业标准是根据企业范围内需要协调、统一的技术要求、管理要求和工作要求所制定的标准。企业标准由企业法人代表或法人代表授权的主管领导审批发布，并报当地政府标准化行政主管部门和有关行政主管部门备案，由企业法人代表授权的部门统一管理，在本企业范围内适用。

企业生产的产品没有国家标准、行业标准、地方标准的，应当制定企业标准；已有国家标准、行业标准、地方标准的，国家鼓励企业制定更严格的企业标准。企业标准代号由汉语拼音字母"Q"加斜线"/"再加企业代号组成，如云南欣洛宝生物科技有限公司植物饮料的企业标准编号为"Q/XLB 0004 S—2014"。

（7）团体标准

团体标准是由学会、协会、商会等社会团体自主制定发布的标准，社会自愿采用。

2. 按约束力分类

（1）我国的强制性标准和推荐性标准

按标准的约束力不同，可将我国国家标准和行业标准分为强制性标准和推荐性标准两类。

①强制性标准。强制性标准是指国家标准和行业标准中保障人体健康和人身、财产安全的标准，以及法律法规规定强制执行的标准。由省、自治区、直辖市标准化行政主管部门制定的工业产品的安全和卫生要求的地方标准，在本行政区域内也是强制性标准。强制性标准在一定范围内通过具有法律属性的法令、行政法规等强制手段加以实施，对违反强制性标准的，国家将依法追究当事人的法律责任。

②推荐性标准。推荐性标准又称自愿性标准或非强制性标准，指的是强制性标准以外的标准。推荐性标准是倡导性、指导性、自愿性的标准。通常，国家和行业主管部门会积极向企业推荐甚至制定某些优惠措施鼓励企业采用这类标准，而企业则完全按自愿原则自主决定是否采用。

应当指出的是，企业一旦接受并采用了推荐性标准，则该项标准就具有了法律上的约束性。

另外，我国标准领域还存在一种非强制性的标准，称为标准化指导性技术文件，简称指导性技术文件。指导性技术文件是为仍处于技术发展过程中（如变化快的技术领域）的标准化工作提供指南或信息，供科研、设计、生产、使用和管理等有关人员参考使用而制定的标准文件。指导性技术文件不具有强制性或行政约束力。

符合下列两种情况时可制定指导性技术文件。

①技术尚在发展中，需要有相应的标准文件引导其发展或具有标准价值，尚不能制定为标准的。

②采用 ISO、IEC 及其他国际组织的技术报告。

国务院标准化行政部门统一负责指导性技术文件的管理工作，并负责编制计划、组织草拟、统一审批、编号和发布。

（2）WTO/TBT 的技术法规和标准

在《世界贸易组织贸易技术壁垒协议》（WTO/TBT）中，"技术法规"（Technical Regulations）指强制性文件，"标准"（Standard）仅指自愿性标准。"技术法规"体现国家对贸易的干预，"标准"则反映市场对贸易的要求。

①技术法规。技术法规是指规定技术要求的法规，它或者直接规定技术要求，或者通过引用标准、技术规范或规程来规定技术要求，或者将标准、技术规范或规程的内容纳入法规中。

WTO/TBT 对"技术法规"的定义是："强制执行的规定产品特性或相应加工和生产方法（包括可适用的行政或管理规定在内）的文件。"技术法规也可以包括或专门规定用于产品、加工或生产方法的术语、符号、包装、标识或标签要求。技术法规可附带技术指导，列出为了符合法规要求可采取的某些途径，即权利性条款。

②标准。WTO/TBT 对"标准"的定义是："由公认机构批准的、非强制性的、以通用或反复使用为目的，为产品或相关加工和生产方法提供规则、指南或特性的文件。"标准也可以包括或专门规定用于产品、加工或生产方法的术语、符号、包装、标识或标签要求。

3. 按标准化对象的基本属性分类

按标准化对象的基本属性不同，标准可分为技术标准、管理标准和工作标准三大类。这三大类标准根据其性质和内容，又可分为多个小类。

（1）技术标准

技术标准是对标准化领域中需要协调统一的技术事项所制定的标准。技术标准可以是标准、技术规范、规程等文件以及标准样品实物。技术标准是标准体系的主体，其量大、面广、种类繁多，一般包括基础标准、方法标准、产品标准、工艺标准、检验和试验标准、工艺设备标准，以及安全、卫生、环保标准等。

（2）管理标准

管理标准是对标准化领域中需要协调统一的管理方法和管理技术所制定的标准。企业管理活动中所涉及的管理事项包括经营管理、开发与设计管理、采购管理、生产管理、质量管理、设备与基础设施管理、安全管理、职业健康管理、环境管理、信息管理、人力资源管理、财务管理等。通常，企业中的管理标准种类和数量都很多，主要有管理体系标准、管理程序标准、定额标准和期量标准等。

（3）工作标准

工作标准是为实现整个工作过程的协调、提高工作质量和工作效率而按工作岗位制定的有关标准，是对工作的范围、构成、程序、要求、效果、检查方法等所做的规定，是具体指导某项工作或某个加工工序的工作规范和操作规程。工作标准可分为部门工作标准和岗位（个人）工作标准两类。

4. 按标准的内容分类

按标准的内容不同，标准可分为基础标准、产品标准、卫生标准、方法标准、管理标准、环境保护标准等。

1.3   标准的制定

1.3.1   标准制定的原则

标准制定是指标准制定部门对需要制定为标准的项目编制计划、组织草拟、审批、编号、发布和出版等活动。标准制定是将科学、技术、管理的成果纳入标准的过程，也是集思广益、体现全局利益的过程。

制定标准应遵循以下基本原则：

①贯彻国家有关法律法规和方针政策。

②充分考虑使用要求。

③推广先进技术成果，提高经济效益，做到技术上先进、经济上合理。

④做到相关标准的协调配套。

⑤有利于保障社会安全和人民身体健康，保护消费者利益，保护环境。

⑥积极采用国际标准和国外先进标准，有利于促进对外经济技术合作和发展对外贸易，有利于我国标准化与国际接轨。

1.3.2　标准制定的程序

标准是一种技术法规，它的产生，有着严格的程序管理。我国国家标准制定程序阶段划分为 9 个阶段，即预阶段、立项阶段、起草阶段、征求意见阶段、审查阶段、批准阶段、出版阶段、复审阶段以及废止阶段。同时，为适应经济的快速发展，缩短制定周期，除正常标准制定程序外，还可采用快速程序来制定标准。

制定行业标准和地方标准的程序与国家标准相似，而企业标准的制定程序可适当简化。

1. 制定国家标准的正常程序

（1）预阶段

该阶段的主要任务是对将要立项的新工作项目进行研究及必要的论证，并在此基础上提出新工作项目建议，包括标准草案或标准大纲（如标准的范围、结构及其相互关系等）。

（2）立项阶段

对新工作项目建议的必要性和可行性进行充分论证、审查、协调、确定，直到下达《国家标准制修订项目计划》。时间一般不超过 3 个月。

（3）起草阶段

起草阶段从项目负责人组织起草工作开始，直到完成标准草案征求意见稿为止，主要工作是编制标准征求意见稿以及编制说明和有关附件。起草阶段是制定标准的关键阶段，时间一般不超过 10 个月。

（4）征求意见阶段

标准起草工作组将标准征求意见稿发往有关单位征求意见。在回复意见的日期截止后，标准起草工作组应根据返回的意见，完成意见汇总处理表和标准草案送审稿。时间周期一般不超过 5 个月。若回复意见要求对征求意见稿进行重大修改，则应分发第二甚至第三征求意见稿征求意见。此时，项目负责人应主动向有关部门提出延长或终止该项目计划的申请报告。

（5）审查阶段

标准化委员会对标准草案送审稿组织审查（会审或函审），并在（审查）协商一致的基础上，形成标准草案报批稿和审查会议纪要或函审结论。一般同意票数在全体委员的 2/3 以上方可通过。时间周期一般不超过 5 个月。若标准草案送审稿没有被通过，则标准起草工作组应分发第二标准送审稿，并再次进行审查。此时，项目负责人应主动向有关部门提出延长或终止该项目计划的申请报告。

（6）批准阶段

主管部门对标准草案报批稿及报批材料进行程序、技术审核。对不符合报批要求的，一般应退回有关标准化委员会或起草单位，限时解决问题后再审核。时间周期一般不超过 6 个月。

国家标准技术审查机构对标准草案报批稿及报批材料进行技术审查，在此基础上对报批稿完成必要的协调和完善工作。时间周期一般不超过 3 个月。若报批稿中存在重大技术方面的问题或协调方面的问题，一般应退回部门或有关专业标准化技术委员会，限时解决问题后再行报批。

（7）出版阶段

标准将由中国标准出版社编辑出版，提供标准出版物。

（8）复审阶段

主管部门对实施周期达 5 年的标准进行复审，以确定是否确认（继续有效），修改，修订或废止。

（9）废止阶段

对于经复审后确定为无存在必要的标准，主管部门报国家标准技术管理机构予以废止。

2. 制定国家标准的快速程序

快速程序是在正常标准制定程序的基础上省略起草阶段或省略起草阶段和征求意见阶段的简化程序。快速程序适用于变化快的技术领域。

凡符合下列之一的项目，均可申请采用快速程序：①等同采用或修改采用国际标准制定国家标准的项目；②等同采用或修改采用国外先进标准制定国家标准的项目；③现行国家标准的修订项目；④现行其他标准转化为国家标准的项目。

1.3.3 标准的结构

标准的结构表现为标准（或部分）的章、条、段、列项和附录的排列顺序。由于标准化对象不同，各类标准的结构及其包含的具体内容各不相同。为便于标准使用者理解和正确使用、引用标准，起草者在起草标准时应遵循以下有关标准内容和层次划分的统一规则。

1. 按内容划分

由于标准之间的差异较大，因此较难建立一个普遍接受的内容划分规则。通常，针对一个标准化对象，应编制成一项标准并作为整体出版。在特殊情况下，针对一个标准化对象，可编制成若干个单独的标准或在同一个标准顺序号下将一项标准分成若干个单独的部分。标准分成部分后，需要时每一部分可以单独修订。

（1）部分的划分

①当标准化对象的不同方面可能分别引起各相关方（如生产者、认证机构、立法机关等）的关注时，应清楚地区分这些不同方面，最好将它们分别编制成一项标准的若干个单独的部分。这些不同的方面可能是健康和安全要求、性能要求、维修和服务要求、安装规则以及质量评定等。

②在把一项标准分成若干个单独的部分时，可使用下列两种方式。

a. 将标准化对象分为若干个特定方面，各个部分分别涉及其中的一个方面，并且能够单独使用。如国家标准 GB/T 19630—2011《有机产品》分为 4 个部分，分别是：第 1 部分生产；第 2 部分加工；第 3 部分标识与销售；第 4 部分管理体系。

b. 将标准化对象分为通用和特殊两个方面，通用方面作为标准的第 1 部分，特殊方面（可修改或补充通用方面，不能单独使用）作为标准的其他各部分。如国家标准 GB/T 30357—2013《乌龙茶》分为多个部分：其中第 1 部分为基本要求，属于标准化对象的通用方面；第 2 部分为铁观音，第 3 部分为黄金桂，第 4 部分为水仙，第 5 部分为肉桂，第 6 部分为单丛，第 7 部分为佛手……即其他部分为标准化对象的特殊方面。

（2）单独标准的内容划分

标准是由各类要素构成的。一项标准的要素可按下列方式进行分类。

①按要素的性质划分，可分为资料性要素和规范性要素。

②按要素的性质以及它们在标准中的具体位置划分，可分为资料性概述要素、规范性一般要求、规范性技术要素和资料性补充要素。

③按要素的必备或可选的状态划分，可分为必备要素和可选要素。

2. 按层次划分

由于标准化对象的不同，标准的构成及其所包含的具体内容也各不相同。在编制某一个标准时，为便于读者理解和正确使用、引用标准，层次的划分一定要做到安排得当、构成合理、条理清楚、逻辑性强，有关内容要相对集中编排在同一层次内。在同一个层次内，所包含的内容应是相互关联的，或属同一个主题。

（1）部分

部分是指以同一个标准顺序号批准发布的若干独立的文本，是某一项标准的基本组成部分。不应将部分再细分为分部分。部分的构成与单独标准一致，一般由资料性概述要素、规范性一般要素、规范性技术要素、资料性补充要素组成。部分的序号用阿拉伯数字表示，按隶属关系放在标准顺序号之后，并用齐底"圆点"隔开。如 GB/T 1.1 就是 GB/T 1 标准的第 1 部分（GB/T 1 为《标准化工作导则》）。

（2）章

章是标准内容划分的基本单元。每章可包括若干条或若干段。应使用阿拉伯数字从 1 开始对章编号。编号应从"范围"一章开始，一直连续到附录之前。每一章均应有章标题，并应置于编号之后，如"1 范围"。

（3）条

条是章的有编号的细分单元。每条可包括若干段。第一层次的条可以再细分为第二层次的条，需要时，一直可分到第五层次。一个层次中有两个或两个以上的条时才能设条。如第 10 章中如果没有 10.2，就不应设 10.1。

（4）段

段是章或条的细分，段不编号。在某一章或条中可包括若干段。

（5）列项

列项适用于需对事项列举分承，且较为简短的内容，它可以附属于某一章、条或段。列项应由一段后跟冒号的文字引出，在列项的各项之前应使用列项符号（"破折号"或"圆点"）。列项可用一个完整的句子开头引出；或者用一个句子的前半部分开头，后半部分由分行列举的各项来完成。

（6）附录

附录按其所包含的内容分为"规范性附录"和"资料性附录"两类。每个附录均应在正文或前言的相关条文中明确提及，附录的顺序应按在条文（从前言算起）中提及的先后顺序编排。每个附录均应有编号，如"附录 A"。每个附录中的章、图、表和数学公式的编号均应重新从 1 开始，编号前应加上附录编号中的大写字母，如附录 A 中的章用"A.1""A.2"等表示，而图用"图 A.1""图 A.2"等表示。

1.4 标准的编写

1.4.1 资料性概述要素的编写

一项典型标准的资料性概述要素一般由封面、目次、前言和引言等 4 个要素构成，其中封面、前言为必备要素，目次、引言为可选要素。

1. 封面

封面是标准的必备要素，每项标准都应有封面。

封面应标示标准的信息，包括：标准的名称、英文译名、层次（如国家标准为"中华人民共和国国家标准"字样）、标志、编号、国际标准分类号（ICS 号）、中国标准文献分类号（CCS 号）、备案号（不适用于国家标准）、发布日期、实施日期和发布部门等。

如果标准代替了某个或某几个标准，封面应给出被代替标准的编号；如果标准与国际文件的一致性程度为等同、修改或非等效，还应按照 GB/T 20000.2 的规定，在封面上给出一致性程度标识。

2. 目次

目次是标准的可选要素。设置目次的目的是向读者明示标准的总体概念和便于查找相关内容。如果需要，可设置目次。

目次所列的内容及其顺序为：前言；引言；章；带有标题的条（需要时列出）；附录，应在圆括号中标明其性质，即"（规范性附录）"或"（资料性附录）"；附录的章（需要时列出）；附录中的带有标题的条（需要时列出）；参考文献；索引；图（需要时列出）；表（需要时列出）。

3. 前言

前言为标准的必备要素，每项标准都应有前言。前言不应包含要求和推荐，也不应包含公式、图和表。前言由特定部分和基本部分组成，它给出标准制定的基本信息，以便读者了解和实施该标准。前言应编排在目次（如果有）之后，用"前言"作为标题居中编排。

前言应视情况依次给出下列内容：标准结构的说明；标准编制所依据的起草

规则；标准代替的全部或部分其他文件的说明；与国际文件、国外文件关系的说明；有关专利的说明；标准的提出信息（可省略）或归口信息；标准的起草单位和主要起草人；标准所代替标准的历次版本发布情况等。

4. 引言

引言是标准的可选要素。引言的内容，一般可包括制定该标准的原因以及有关标准技术内容的特殊信息或说明。引言不应编号，不应包含要求。

1.4.2 规范性一般要素的编写

一项典型标准的规范性一般要素由名称、范围、规范性引用文件 3 个要素构成。其中，名称和范围为必备要素，规范性引用文件为可选要素。

1. 名称

名称是标准的必备要素，应置于范围之前。标题名称应简练并明确表现出标准的主题，使之与其他标题相区分。标准名称不应涉及不必要的细节，必要的补充说明应在范围中给出。标准名称应由几个尽可能短的要素组成，其顺序由一般到特殊。通常使用的要素不多于下述 3 种。

①引导要素（可选）。该要素表示标准所属领域（可使用该标准的归口标准化技术委员会的名称）。

②主体要素（必备）。该要素表示上述领域内标准所涉及的主体对象。

③补充要素（可选）。该要素表示上述主体对象的特定方面，或给出区分该标准（或该部分）与其他标准（或其他部分）的细节。

2. 范围

范围是标准的必备要素，它位于标准正文的起始位置。范围应明确界定标准的对象和所涉及的各个方面，由此指明标准或其特定部分的适用界限。必要时，范围中可指出标准不适用的界限。范围的陈述应简洁，以便能作为内容提要使用。范围不应包含要求。

3. 规范性引用文件

规范性引用文件是标准的可选要素，它应列出标准中规范性引用文件的清单，这些文件经过标准条文的引用后，成为标准应用时不可缺少的文件。文件清单中，对于标准条文中注日期引用的文件，应给出版本号或年号（引用标准时，给出标准代号、顺序号和年号）以及完整的标准名称；对于标准条文中不注日期引用的文件，则不应给出版本号或年号。

规范性引用文件清单由相应的引导语引出。文件清单中引用文件的排列顺序为：国家标准（含国家标准化指导性技术文件）、行业标准、地方标准（仅适用于地方标准的编写）、国内有关文件、国际标准（含 ISO 标准、ISO/IEC 标准、IEC 标准）、ISO 或 IEC 有关文件、其他国际标准和其他国际有关文件。

1.4.3　规范性技术要素的编写

1. 技术要素的选择原则

规范性技术要素是标准的主要要素。由于标准化对象不同，各项标准的构成以及所包含的内容亦有差异，这种差异主要体现在构成标准的四大要素之一的"规范性技术要素"上。标准的个性要求主要通过"规范性技术要素"中的组成要素体现出来，并与其标准化对象相适应。

规范性技术要素的选择应遵循目的性原则、性能原则和可证实性原则。

（1）目的性原则

标准中规范性技术要素的确定取决于编制标准的目的，最重要的目的是保证有关产品、过程或服务的适用性。一项标准或系列标准还可涉及或分别侧重其他目的，如促进相互理解和交流，保障人身健康，保证安全，保护环境或促进资源合理利用，控制接口，实现互换性、兼容性或相互配合，以及品种控制等。

在标准中，通常不指明选择各项要求的目的（尽管在引言中可说明标准和某些要求的目的）。然而，最重要的是在工作的最初阶段（不迟于征求意见稿）确定这些目的，以便决定标准所包含的要求。

在编制标准时，应优先考虑涉及人身健康和安全的要求以及环境的要求。

（2）性能原则

只要可能，标准中的要求应用性能特性来表达，而不用设计和描述来表达，这样能给技术发展留有最大的余地。在采用性能特性的表述方式时，要注意保证性能要求中不疏漏重要的特征。

（3）可证实性原则

不论标准的目的如何，标准中应只列入那些能被证实的要求。标准中的要求应定量并使用明确的数值表示，不应仅使用定性的表述（如"足够坚固"或"适当的强度"等）。

2. 术语和定义

术语和定义为可选要素，它仅给出为理解标准中某些术语所必需的定义。术语宜按照概念层级进行分类和编排，分类的结果和排列顺序应由术语的条目编号来明确，一个术语对应一个条目编号。

对某概念建立有关术语和定义之前，应查找在其他标准中是否已经为该概念建立了术语和定义。如果已经建立，宜引用定义该概念的标准，不必重复定义；如果没有建立，则"术语和定义"一章中只应定义标准中所使用的并且属于标准的范围所覆盖的概念，以及有助于理解这些定义的附加概念；如果标准中使用了标准范围之外的术语，可在标准中说明其含义，而不宜在"术语和定义"一章中给出该术语及其定义。如果确有必要重复某术语已经标准化的定义，则应标明该定义出自的标准；如果不得不改写已经标准化的定义，则应加注说明。

定义既不应包含要求，也不应写成要求的形式。定义的表述宜能在上下文中代替其术语。附加的信息应以示例或注的形式给出，适用于量的单位的信息应在注中给出。

术语条目应包括条目编号、术语、英文对应词、定义。根据需要可增加符号、概念的其他表述方式（如公式、图等）、示例、注等。

术语条目应由下述适当的引导语引出。

①仅仅标准中界定的术语和定义适用时，使用"下列术语和定义适用于本文件"。

②其他文件界定的术语和定义也适用时（如在一项分部分的标准中，第一部分中界定的术语和定义适用于几个或所有部分），使用"……界定的以及下列术语和定义适用于本文件"。

③仅仅其他文件界定的术语和定义适用时，使用"……界定的术语和定义适用于本文件"。

3. 符号、代号和缩略语

符号、代号和缩略语为可选要素，它给出为理解标准所必需的符号、代号和缩略语清单。

除了反映技术准则需要以特定次序列出，所有符号、代号和缩略语宜按以下次序排列。

①大写拉丁字母置于小写拉丁字母之前（如 A、a、B、b 等）。

②无角标的字母置于有角标的字母之前，有字母角标的字母置于有数字角标

的字母之前（如 B、b、C_m、C、C_2 等）。

③希腊字母置于拉丁字母之后（如 A、α、B、β 等）。

④其他特殊符号和文字。

为了方便，该要素可与要素"术语和定义"合并。可将术语和定义、符号、代号、缩略语以及量的单位放在同一个复合标题之下。

4. 要求

要求要素是规范性技术要素中的核心内容之一。要求是指标准中表达应遵守的规定的条款，按实施标准的约束力可分为必达要求和任选要求。标准的种类、对象不同，其具体包含的内容也有较大的差异。在产品质量标准中，要求一般作为一章列出，根据产品的实际情况再分为条；而在其他标准中可以分为一章或若干章，然后再分别列出具体的特性内容。要求要素的内容决定了该标准的标准化对象应达到的质量水平。

（1）要求要素的内容

要求要素涉及的内容包括以下三方面：一是直接或以引用的方式给出标准涉及的产品、过程或服务等方面的所有特性；二是可量化特性所要求的极限值；三是对每个要求可引用测定或检验特性值的试验方法和测量方法，或者直接规定试验方法和测量方法。

（2）选择技术要求的注意事项

在选择产品标准各项技术要求时，应着重注意以下事项。

任何产品都有许多特性，在产品标准中规定的要求内容，应根据制定标准的目的有针对性地进行选择。

此外，选择产品的技术要求时，应根据产品的性能特性参数而不是根据设计或可描述的特征来规定要求，给技术的发展以最大自由度。性能特性应包括那些在世界范围内公认的特性。由于气候、环境、法规、经济、社会条件、贸易形式的差异，若有必要，应给出几种可供选择的方案。

产品标准通常不包括对产品生产过程的具体要求，而是作为最终产品检验的依据。随着现代科学技术的发展，生产者对产品生产采取全程质量控制的要求越来越重视，因此在一些产品生产中对工艺参数等也需要检查。

产品标准中应规定那些能被检验的技术要求。标准中的技术要求应该用意义明确的数值来表示，不应使用诸如"膨松""比较坚硬""容易破碎"等形容词。如果没有一种试验方法或测量方法可在较短的时间内检验产品的稳定性、可靠性、合格与否，则不应规定这些要求。

企业做出的保证虽然是用得上的，但不能代替技术要求。在产品标准中，企业的保证条件不应列入产品标准的范围之内，因为保证条件是一个商业合同性的概念，而不是产品技术要求的概念。

（3）技术要求的具体内容

技术要求的内容应反映产品达到的质量水平，也是企业组织产品生产和供用户选择产品的主要依据，所以应着重规定产品的性能，包括产品的功能、可靠性、安全卫生等技术指标要求。技术要求应充分考虑产品的使用要求、基本性能以及健康、安全、环境保护等因素，可根据适用性及不同需要做出科学合理的分等分级规定。对企业产品标准而言，一般鼓励所列技术要求高于现行的同类产品的国家标准、行业标准规定的技术要求，但是在特定的条件下或根据产品的使用范围要求，也可以制定低于有关标准的企业标准。

技术要求的具体内容一般包括以下方面。

①环境适应性条件。应根据产品在运输、贮存和使用中可能遇到的实际环境条件来规定产品的适应性，如温度、湿度、贮存、运输条件等。

②使用性能指标。应根据产品具体情况，选择直接反映产品使用性能的技术指标或者间接反映使用性能的可靠代用指标。

③理化指标。理化指标对于食品是非常重要的。食品质量的好坏一般都可以用理化指标来加以区分，常用的有化学营养成分、纯度、杂质、微生物、有毒有害物质、黏度、色度、水分含量等产品质量指标。微生物指标和有毒有害物质指标必须执行国家强制性标准，并按产品特性规定其相应的极限值。

④原材料要求。对原材料的要求一般不列入产品标准中。为了保证产品质量和安全要求，必须指定原材料，且原材料有现行的标准时，应该引用标准，规定使用性能不低于有关标准规定的原材料。如果没有现行标准，则可以在规范性附录中对原材料的性能特性做出具体规定。

⑤工艺要求。工艺要求一般不列入产品标准中。为了保证产品质量和安全要求必须规定工艺要求时，则应规定该产品的生产工艺。

⑥其他要求。根据需要，可以规定必须列入产品标准的其他要求。如分类的某些要求需要检验时，应作为"技术要求"的内容明确规定。

（4）技术指标量值的选择

定量表示的技术要求，应在标准中规定其标称值（或额定值），必要时，可同时给出其允许的偏差或极限值。

　　技术指标量值反映产品应达到的实际质量水平，应根据产品预定功能、用户要求以及国家有关标准和法律法规的规定来制定，以取得最佳的经济和社会效益。极限值可以通过给定下限值和（或）上限值，或者用给出标称值（或额定值）及其偏差等方式来表达。

　　极限值的有效位数应全部给出。一方面，书写的位数表示的精确度应能保证产品的应有性能和质量水平。另一方面，极限值也规定了为实际产品检验而得到的测量值或者计算值应该具有的相应的精确度。

　　除上述内容外，"要求"这一章的条款编排顺序，应尽可能地与"试验方法"（或者检验规则）一章中检验项目的先后顺序协调一致，以便引用和对照。当与"要求"对应的"试验方法"内容较为简单时，允许将"试验方法"要素并入"要求"要素中，在此种情况下，章的标题为"要求与试验方法"。

5. 分类和标记

　　分类和标记是标准中的可选要素。为了便于用户正确识别并选择适用的产品、过程和服务，在一定范围内对其建立统一的分类和标记是很重要的。在产品标准中，分类和标记可称为分类和命名。

　　产品分类可以作为产品标准的一部分，也可以制定单独的标准。产品根据不同特性要求，可按品种、型式、规格等进行分类。产品分类时，应做到以下几点。

　　①优先采用国际上通行的品种、型式、规格等来分类。

　　②应根据使用与生产的需要，合理规定必要的产品品种、型式和规格等。

　　③系列产品注意正确选型，并尽可能采用优先数系或模数制确定系列范围与疏密程度等。

　　④分类部分的某些要求属于需要检验的技术要求时，可在技术要求部分中重做规定。

　　产品标记是指在一定范围内（如国际、区域、国家）适用的"标准化项目"的标记，这种标记方法提供了一种标准化的标记模式。标准化项目是指具体项目（如材料、制成品）或者抽象概念（如过程、体系、试验方法）。

6. 标识、标签和包装

　　标识、标签和包装是标准中的可选要素。产品标准技术内容中一般将这一章称为"标识、包装、运输与贮存"。编写这一部分的主要目的是在贮存和运输过程中保证产品质量不受危害和损失以及发生混淆。

（1）标识

产品标识的基本内容包括：产品名称与商标；产品型号或标记；执行的产品标准编号；生产日期或批号；产品主要参数或成分及含量；质量等级标志；使用说明；商品条码；产品产地、生产企业名称、详细地址、邮政编码及电话号码；其他需要标记的事项，如质量体系认证合格标志、绿色食品标志、有机食品标志等。

（2）包装

为了防止产品受到损失，以及防止危害人类与环境安全，一切需要包装的产品均应在标准中对包装做出具体的规定或引用有关的包装标准。

产品包装应实用、方便、成本低、有利于环境保护。其基本内容包括以下几个方面。

①包装技术和方法，说明产品采用何种包装（盒装、箱装、罐装、瓶装等）以及防晒、防潮等。

②包装材料和要求，说明采用何种包装材料及其性能等。

③对内装物的要求，说明规定内装物的摆放位置和方法等。

④包装试验方法，必要时应指明与包装或包装材料有关的试验方法。

⑤包装检验规则，指明对包装进行各项检验的规则。必要时，包装部分可规定产品随带文件，如产品质量合格证、产品使用说明书等。

（3）运输

在运输方面有特殊要求的产品，标准中应规定运输要求。运输要求一般包括以下内容。

①运输方式，应指明采用何种运输方式及其状况。

②运输条件，主要规定运输时的要求，如遮盖、冷藏、密封等。

③运输过程注意事项，主要是对装、卸、运方面的特殊要求等。

（4）贮存

对食品等产品在贮存方面应做出规定，如贮存条件、场所、堆放方式、保质期等。

7. 规范性附录

规范性附录是标准可选要素，要根据标准的具体条款来确定是否设置这类附录。在规范性附录中所给出的是"附加条款"，在使用标准时，这些条款应被同时使用，这是因为规范性附录是标准整体不可分割的组成部分。在规范性附录中对标准中的条款可进一步地细化和补充，这样做可使标准的结构更加合理、层次更加清楚、主题更加突出。

附录的性质（规范性或资料性）首先由提出附录的条文来确定。标准中若规定"附录应在条文中提及"，如果条文中没有提及，则该附录就没有存在的必要了。在提及附录的性质时，在前言的特定部分的最后应给出对附录性质的陈述。在目次中应列出附录编号，在附录正文编号下，在圆括号中应明确标明附录的性质。

1.4.4 资料性补充要素的编写

1. 资料性附录

资料性附录为标准可选要素，要根据标准的具体条款来确定是否设置这类附录。资料性附录可以给出有助于理解或使用标准的附加信息。同样的，在具体标准中，附录的资料性的性质（相对规范性附录而言）应通过条文中提及时的措辞方式、目次中和附录编号下方标明等方式加以明确。

2. 参考文献

参考文献为标准可选要素。如果有参考文献，则应置于最后一个附录之后。参考文献的起草应遵守 GB/T 7714 的有关规定。

3. 索引

索引为标准可选要素。如果有索引，则应作为标准最后一个要素。电子文本的索引宜自动生成。

1.4.5 要素的表述

1. 要素表述的通则

（1）条款的类型

不同类型条款的组合构成了标准中的各类要素。标准中的条款可分为要求型条款、推荐型条款和陈述型条款 3 类。

（2）条款表述所用的助动词

标准中的要求应容易识别，因此包含要求的条款应与其他类型的条款相区分。表述不同类型的条款应使用不同的助动词，如要求型条款和推荐型条款使用的助动词分别为"应""不应"和"宜""不宜"，而表示"允许"和"能力"的陈述型条款使用的助动词分别为"可""不必"和"能""不能"。

（3）技术要素的表述

若标准名称中含有"规范"，则标准中应包含要素"要求"以及相应的验证方法；若标准名称中含有"规程"，则标准宜以推荐和建议的形式起草；若标准名称中含有"指南"，则标准中不应包含要求型条款，适宜时可采用建议形式。

在起草上述标准的各类技术要素时，应使用相应的助动词以明确区分不同类型的条款。

（4）汉字和标点符号

标准应使用规范汉字。标准中使用的标点符号应符合《标点符号用法》（GB/T 15834）的规定。

2. 要素表述的其他要求

标准中条文的注、示例、脚注、图和表等均应按照 GB/T 1《标准化工作导则》中相关条款的要求编写。

1.4.6　标准起草的其他规则

除上述关于各类要素的编写要求以外，GB/T 1《标准化工作导则》还规定了引用，全称、简称和缩略语，商品名，专利，数值的选择，数和数值的表示，量、单位及其符号，数学公式，以及编排格式等的编写规则。

2 我国食品标准体系

食品标准是为了保证食品安全卫生、营养，保障人体健康，对食品及其生产经营过程中的各种相关要素所作的技术性的规定，是食品工业领域各类标准的总和。食品标准体系是为实现食品生产、消费、管理等目的，将食品从生产到消费的整个过程中各影响因素、控制手段、控制目标等所涉及的技术要求，按照其特定的内在联系组成的科学的有机整体。

2.1 我国食品标准的基本内容

食品标准是食品工业领域各类标准的总和，涉及食品行业各领域的各个方面。食品标准从很多方面规定了食品的技术要求和品质要求。食品标准是国家标准的重要组成部分，也是食品安全卫生的重要保证，关系到广大消费者的健康安全。

目前习惯上可根据标准的制定主体、约束力、标准化对象的基本属性以及内容等对食品标准进行分类。

我国食品标准基本上是按照内容进行分类并编辑出版的，如食品工业基础及相关标准、食品卫生标准、食品产品标准、食品添加剂标准、食品包装材料及容器标准、食品检验方法标准等。我国食品标准的基本内容主要包含以下几个方面。

2.1.1 食品卫生与安全

食品卫生与安全是食品标准必须规定的内容。我国食品安全标准是国务院授权国家卫生行政部门统一制定的，属于强制性标准。食品安全标准的内容一般有食品中重金属元素限量指标，食品中农药残留量最大限量指标，食品中有毒有害物质如黄曲霉毒素、硝酸盐、亚硝酸盐等限量指标，食品中微生物指标，以及重金属含量测定方法标准，有毒有害物质测定方法标准，农药残留量测定方法标准，微生物测定方法标准等。

2.1.2 食品营养

食品营养指标是食品标准必须规定的技术指标。营养水平的高低是食品质量优劣的重要标志，反映食品的实际状况。食品营养指标对原料的选择以及产品的加工工艺提出明确的规定。GB/Z 21922—2008《食品营养成分基本术语》对食品营养成分的基本术语做出了规定，是一份标准化指导性技术文件。

2.1.3 食品标识、包装、运输与贮存

食品产品标准除了应符合国家规定的产品标准的一般要求外，还必须明确规定产品标识、包装、运输和贮存等条件，以确保消费者的安全。例如，食品营养标签可以帮助居民合理膳食，但其制度在我国的实施状况不尽如人意，标签标示混乱、标示虚假信息等现象仍存在，使得消费者尚不能充分利用食品营养标签来进行消费选择。纵观欧美的食品营养标签制度可发现，欧美解决了食品营养标签制度中的系列难题，其完善的法律制度、规范的管理程序和惩罚性赔偿制度等都应为我国食品营养标签制度的发展完善所借鉴。

2.1.4 规范性引用文件

产品标准不可能是孤立存在的，其必然要引用有关技术标准，执行国家的有关法律法规。在食品标准中引用的有关食品安全卫生的法律法规和强制性标准，必须贯彻执行有关规定，绝不能只根据自己企业的需要而定。

随着科学技术的不断进步，随着标准严谨性的不断提高，在标准中直接引用有关技术规范的编号和名称以代替其具体内容，较为常见。使用标准的各方，除了应当遵守标准全文规定的内容之外，还应当遵守"规范性引用文件"中引用的文件或其条款规定。

2.2 我国食品标准概述

20世纪60年代以来，经过几十年的发展，我国已经建立起一个以国家标准为主体，行业标准、地方标准、企业标准和团体标准相互补充的较为完整的食品

标准体系。该体系是对食品生产、加工、流通和消费全过程，即"从农田到餐桌"全过程各个环节影响食品安全和质量的关键要素及其控制所涉及的全部标准，按其内在联系形成的系统、科学、合理且可行的有机整体。我国食品标准体系不仅能够推进食品产业结构调整，促进食品贸易发展，有利于政府规范食品市场，而且是保障食品消费安全和提高食品市场竞争力的重要手段。

2.2.1 我国食品标准的发展历程

我国食品标准经历了从无到有、从重要食品到一般食品的覆盖，从卫生标准到产品质量标准、检验方法等标准的全面拓展。具体来说，我国食品标准主要经历了以下几个阶段。

1. 食品标准的初级阶段

1949 年 10 月，中央技术管理局内设标准化规格处，这是我国第一个标准化机构。1957 年，在国家技术委员会内设立标准局，开始对全国的标准化工作实行统一领导。1962 年，国务院通过了《工农业产品和工程建设技术标准管理办法》，这是我国第一个标准化管理法规，对标准化工作的方针、政策、任务及管理体制等都做出了明确的规定。1964 年，我国制定了《食品卫生管理试行条例》，这是国内第一个食品卫生领域的行政法规，该法规首次提出"食品卫生标准"这一概念。

2. 食品标准的发展阶段

1978 年，我国成立国家标准局。1979 年，国务院颁布了《中华人民共和国标准化管理条例》，它是 1962 年国务院颁布的《工农业产品和工程建设技术标准管理办法》的继续和发展，成为中国工业标准化全面发展的开端。1980 年，国家标准局成立了食品行业第一个标准化技术委员会——全国食品添加剂标准化技术委员会。1985 年，全国食品工业标准化技术委员会成立。1988 年，国务院批准成立国家技术监督局，统一管理全国的标准化工作，颁布《中华人民共和国标准化法》，规定"工业产品的品种、规格、质量、等级或者安全、卫生要求"应当制定标准。食品作为一种工业产品，需要在品种、规格、质量等方面做出规定，以使产品符合应有的品质要求。同时，依据《中华人民共和国标准化法》及其实施条例的要求，"保障人体健康，人身、财产安全的标准和法律、行政法规规定强制执行的标准是强制性标准，其他标准是推荐性标准"，食品标准化工作逐渐全面展开。除强制性的食品卫生标准外，我国在食品领域制定和颁布了一系列与食品质量相关的标准，也出现了一批如轻工、贸易、粮食等相关行业标准，客观上造成了标准交叉矛盾的局面。1989 年 4 月 1 日，《中华人民共和国标准化法》开始实施，我国标准化工作逐步走上依法管理的轨道。

3. 食品标准体系的逐步建立

从 20 世纪 50 年代到 2008 年，我国食品标准化发展经历了从无到有、从碎片化到系统化的过程。在 2009 年《食品安全法》颁布施行前，我国已有食品、食品添加剂、食品相关产品国家标准 2000 余项、行业标准 2900 余项、地方标准 1200 余项，其中食品卫生标准 454 项。可以说，我国食品标准的起步发展伴随着我国经济和食品技术的发展，与《中华人民共和国食品卫生管理条例》《中华人民共和国食品卫生法》《中华人民共和国产品质量法》《食品安全法》等相继协同保障我国食品健康规范发展，发挥了"标尺"与"防火墙"的作用。

我国食品标准可按多种方法进行分类。

（1）按标准的层级分类

食品标准可以分为：国家标准，如 GB 19821—2005《啤酒工业污染物排放标准》；行业标准，如 GH/T 1013—2015《香菇》；地方标准，如 DBS 52/ 013-2016《食品安全地方标准 贵州辣椒干》；团体标准，如 CCAA 0001—2014《食品安全管理体系 谷物加工企业要求》；企业标准，如 Q/XMCH 0002 S—2019《茉莉花茶》（厦门茶叶进出口有限公司的企业标准）。

（2）按标准的性质分类

国家标准分为强制性标准，代号是"GB"，以及推荐性标准，代号是"GB/T"。行业标准、地方标准是推荐性标准。从 2000 年开始发布指导性技术文件（GB/Z），指导性技术文件（国家标准）是指生产、交换、使用等方面，由组织（企业）自愿采用的国家标准，不具有强制性，也不具有法律上的约束性，只是相关方约定参照的技术依据，如 GB/Z 26576—2011《茶叶生产技术规范》。

（3）按标准的内容分类

食品标准主要有食品产品标准，如 GB/T 22699—2008《膨化食品》；食品卫生标准，如 GB 2716—2005《食用植物油卫生标准》。目前绝大多数食品卫生标准已修订成食品安全标准。

2.2.2 我国食品标准的现状

1. 现有食品标准体系存在的问题

（1）现有食品标准体系过于笼统

现有食品标准体系过于笼统，没有细化，主要体现在覆盖面不全和技术指标不能完全反映质量要求这两个方面。造成这些问题的原因是多方面的，主要原因在于食品的性能、成分等指标并没有随着科技的进步而进行改善。国家制定的食品标准作为检测机构检测任务遵循的依据，应该随着科技的发展、设施的更新而不断细化，推陈出新。但我国许多标准多年未变，不但不能覆盖涉及食品各种类，甚至有的已不能满足卫生监督和检测需要。因此，不断细化现有的食品标准体系、更新食品标准是一项迫在眉睫的任务。

（2）体系构建不够健全

现阶段我国推行的食品标准，基本都是由国家统一制定的，然而涉及标准起草部门较多，若审查把关不严格，则会导致食品安全在推广过程的协调性较差。且有些标准之间并不统一，行业标准与国家标准之间存在一些问题，具体表现为层次不清、交叉及矛盾等。假设同一产品具有多个标准，且检验方法存在差异性，含量限度不同，这在某种程度上对实际操作非常不利，并且无法适应当前食品生产需求，无法满足市场需求，不仅使食品企业在选择产品标准的时候面临问题，而且给食品流通中食品安全监管部门的执法也带来了一定的困难。总的来说，食品标准体系构建存在一些弊端，必须予以重视，提出解决策略。

（3）标准更新及修订不够及时

《中华人民共和国标准化法实施条例》第二十条规定，标准复审周期一般不超过5年。但翻阅检测机构的检验方法类标准，不难发现，好多检测项目的检测方法还是多年前修订的。随着科技的发展，造假技术也快速更新，按照一些滞后的标准方法来操作，无法检测出其中添加的物质。同时一些标准方法检测起来步骤烦琐、耗时耗资，给一些检测机构带来压力，而这些检测项目其实已经有了被权威机构认可的快速、方便的检测方法，只是没有形成国家标准，无法成为检测机构遵循的依据，加大了检测的难度。例如，对于食品中汞元素的测定，现在已经研制出专业测汞仪，快速、方便、准确，然而国家标准中检测汞元素是用原子荧光法，检测机构以国家标准为依据，依然采用耗时耗资的老方法检测汞元素。

（4）缺失某些重要产品标准

从食品生产到加工再到流通，这其中涉及很多的标准内容，比如品种标准、产地环境标准、过程控制标准、物流标准等，上述食品环节的标准已经得到极大的改善，但是从整体角度分析还有待完善。若缺乏配套系统，则会直接导致食品生产过程中缺乏有效的监督，特别是在技术指导及依据等方面，与食品相关的指标并没有进行明确的规定。以猪肉为例，我国猪肉产量位列世界首位，针对猪的品种选育、饲养管理、疾病防治等内容已有了多项规定，但是在其他方面还存在一些薄弱环节，比如对产地环境、兽药等环节重视度不高，而这些会影响到我国猪肉在国际市场上的推广。

（5）食品标准编制有待完善

在食品标准具体编制过程中，需要遵循GB/T 1.1《标准化工作导则 第1部分：标准化文件的结构和起草规则》、GB/T 20001《标准编写规则》等内容要求。必须遵循这些基础标准的要求，但是实际应用情况并不理想。从当前编制食品标准体系情况分析，有一些方面并不符合实际要求，具体表现在以下方面：格式编写不够规范、技术要求制定存在缺陷、项目单位不吻合、标准没有定期修订、企业标准管理并不健全等。上述问题显现出当前我国食品标准编制存在一些弊端，这应当引起有关部门的高度重视。有关部门应当根据现状提出改进措施，以期食品标准能够呈现出更好的发展趋势。

2. 针对我国食品标准现状的改进措施

（1）加强宣传力度

目前国际竞争日益激烈，食品标准竞争已经列入竞争行列，这在某种程度上是对未来市场的竞争。媒体要积极配合宣传，做好普法工作，借助不同的渠道进行食品标准相关法律法规的宣传，告知大家食品标准执行的现实意义。政府也要加强执法，这样才能对食品生产者进行严格的约束。对经营者来说，他们需要严抓质量关，控制购销产品质量。对相关部门来说，必须要将标准作为依据，起到监督作用。而消费者自身必须要在权益受损时借助法律武器维护自身的权益，以促进食品工业的健康发展，形成良好的发展秩序。政府、行业相关部门应投入更多的人力、物力，加大标准的宣传，让企业认识到遵照标准不仅仅是其应尽的义务，同时还将给企业带来更广泛的发展空间，有利于构建品牌效应，提升企业知名度，从而自觉自愿地遵照标准，促进标准实施。

（2）统一管理体

相关的管理部门，还有相关的行业部门，需要做好相应的协调，并且保持密切的沟通，尽力使所有相关部门的工作热情得以最大限度提升，从而实现统一规划、统一审查等相关职能。各部门以联合的形式积极实现标准制定、修订及更新，注重行业标准及地方标准的有效协调，做好备案管理及沟通，能够避免彼此之间的矛盾激化，有利于构建我国统一标准体系。

（3）完善食品标准化体系

除上述内容之外，我国食品标准体系还需要完善。虽然现阶段已经制定了相应的标准体系，比如不同食品产品标准等，对相对应的检验方法、质量等都在逐步规范，但是，标准体系构建依然显现出一定的弊端，这其中比较明显的是没有统一协调机制，由此可能会导致食品安全交叉问题、重复空白等。对此相关部门应完善相关机制，及时修订标准，以保证各项标准都与时俱进，符合当前社会的发展。

（4）加强标准专业人才队伍建设

食品安全标准的制定和修订是一项复杂、艰巨的任务，需要法律法规、标准、检验技术、食品工艺等各个领域相关的专业人员来共同完成。从国家标准层面到行业标准、地方标准，都需要相关专业的专家来共同协作，完成标准的及时修订及更新。从各个层面上来讲，相关部门都需要高度重视标准专业人才的队伍建设，充实标准修订专业人才队伍；同时要及时更新行业间的资讯，让标准专业人才增强学习及沟通交流；还要积极主动地开展专家队伍与国际方面的交流，使我国标准与国际接轨，从而制定出既符合我国国情，又被国际认可的标准体系。

2.3　食品基础标准

2.3.1　名词术语、图形符号、代号类标准

1. 名词术语标准

术语的标准化是标准化活动的基础。GB 15091—1994《食品工业基本术语》规定了食品工业常用的基本术语，内容包括一般术语，产品术语，工艺术语，质量、营养及卫生术语等。该标准适用于生产、科研、教学及食品工业有关领域。

2. 图形符号、代号类标准

符号是由书写、绘制、印刷等方法形成的，可表达一定事物或概念的，具有简单特征的视觉形象。图形符号是以图形或图像为主要特征的表达一定事物或概念的符号。文字代号是用字母、数字、汉字等或它们的组合来表达一定事物或概念的符号。

食品的图形符号、代号标准有：GB/T 13385—2008《包装图样要求》、GB/T 12529.1—2008《粮油工业用图形符号、代号 第 1 部分：通用部分》、GB/T 12529.4—2008《粮油工业用图形符号、代号 第 4 部分：油脂工业》等。

2.3.2　食品分类标准

食品分类标准是对食品大类产品进行分类规范的标准。我国现行的与食品有关的分类标准主要有：GB/T 8887—2021《淀粉分类》、GB/T 10784—2020《罐头食品分类》、GB/T 10789—2015《饮料通则》、GB/T 30590—2014《冷冻饮品分类》、GB/T 20977—2007《糕点通则》、SB/T 10173—1993《酱油分类》等。

2.4　食品安全标准

2.4.1　食品安全标准的概念

《食品安全法》第一百五十条对食品安全做了规定："食品安全，指食品无毒、无害，符合应当有的营养要求，对人体健康不造成任何急性、亚急性或者慢性危害。"基于此规定，食品安全标准是指为了对食品生产、加工、流通和消费（"从农田到餐桌"过程）等食物链全过程中影响食品安全和质量的各种要素以及各关键环节进行控制和管理，经协商一致制定并由公认机构批准发布，共同使用和重复使用的一种规范性文件。

依据《食品安全法》第二十五条的规定，食品安全标准是强制执行的标准，并且除食品安全标准外，不得制定其他食品强制性标准。

食品作为一种工业产品，具有质量和安全的双重属性，安全卫生是食品的最基本要求。食品安全标准不同于食品质量标准，它是保障食品安全与营养的重要技术手段（其根本目的是保障公众身体健康），是食品安全体系建设的重要组成部分，是进行法制化食品监督管理的基本依据。

食品生产经营者应当依照法律法规和食品安全标准从事生产经营活动，建立健全的食品安全管理制度，采取有效的管理措施，保证食品安全。食品生产经营者要对其生产经营的食品的安全负责，要对社会和公众负责，并承担相应的社会责任。

在满足食品安全这一要求的基础上，可以由质量技术监督部门、行业协会或其他生产企业组织制定食品质量标准，就食品的品种、规格、等级、口味、外观、大小、净重等涉及质量的指标进行一致的规定。食品质量标准可根据客户订单要求、市场竞争、消费者需求及国际贸易需要等对具体的食品产品设定。

2.4.2 食品安全标准的主要内容

2010 年至 2017 年，我国历时 7 年建立起食品安全标准体系，完成对 5000 项食品标准的清理整合，其中审查修改了 1293 项标准，发布了 1224 项食品安全国家标准。目前，我国各项食品安全国家标准已完善，已经形成包括通用标准、产品标准、生产经营规范标准、检验方法标准等四大类食品安全标准。

1. 通用标准

通用标准包括 GB/T 30642—2014《食品抽样检验通用导则》、GB/T 38574—2020《食品追溯二维码通用技术要求》、GB/T 23779—2009《预包装食品中的致敏原成分》、GB/T 40001—2021《食品包装评价技术通则》等。

除此之外，通用标准还包括名词术语标准，图形符号、代号标准，食品分类标准，食品流通标准等。

2. 产品标准

产品标准指食品及食品相关产品标准，如 GB/T 21270—2007《食品馅料》、GB/T 20712—2006《火腿肠》、GB 10355—2006《食品添加剂 乳化香精》、QB/T 2967—2008《饮料用瓶清洗剂》等。

3. 生产经营规范标准

生产经营规范标准可以分为危害分析与关键控制点体系、食品良好生产规范、食品企业生产卫生规范等。这类标准包括食品生产经营卫生规范、食品相关产品生产卫生规范、餐饮操作卫生规范、危害因素控制指南等，如 GB/T 27302—2008《食品安全管理体系 速冻方便食品生产企业要求》、SB/T 11168—

2016《餐饮烹炸操作规范》、GB/T 20809—2006《肉制品生产 HACCP 应用规范》、GB 16325—2005《干果食品卫生标准》、GB 16565—2003《油炸小食品卫生标准》。

4. 检验方法标准

检验方法标准主要包括：微生物学检验方法标准，如 GB/T 4789.23—2003《食品卫生微生物学检验 冷食菜、豆制品检验》、GB/T 4789.20—2003《食品卫生微生物学检验 水产食品检验》；食品理化检验方法标准，如 GB/T 5009.18—2003《食品中氟的测定》；食品卫生毒理学安全性评价程序与方法，如 GB/T 27406—2008《实验室质量控制规范 食品毒理学检测》；寄生虫检验方法，如 SN/T 1748—2006《进出口食品中寄生虫的检验方法》等。

2.4.3 食品安全限量标准

食品中的有毒有害物质是影响食品安全的重要因素之一，也是食品安全管理的重要内容之一。造成食品中有毒有害物质污染的原因有很多，既有外在因素，如农产品生产过程中喷洒农药以及食品加工过程中添加辅料等造成的污染，也有内在因素，如食品加工过程中发生化学反应而造成的污染，还有水、空气、土壤等生产环境污染因素。

食品中的污染物、农药残留、真菌毒素、致病菌、兽药残留等均须达到安全标准。

1. 污染物

污染物是指食品从生产（包括农作物种植、动物饲养和兽医用药）、加工、包装、贮存、运输、销售，直至食用等过程中产生的或由环境污染带入的、非有意加入的化学性危害物质。我国在这方面的标准有 NY 5073—2006《无公害食品 水产品中有毒有害物质限量》等。

2. 农药残留

农药是用于防治危害农作物和农林产品的有害生物及调节植物生长发育的各种药剂。为了防治农林有害生物，提高粮食产量，农林生产中会用到农药。农药不仅对土壤、水体、大气等自然环境造成直接污染，还通过食物链的生物富集作用大量残留于食物中，严重威胁着人类健康。我国在这方面的标准有 NY/T

1243—2006《蜂蜜中农药残留限量（一）》等。

3. 真菌毒素

真菌毒素是指真菌在生长繁殖过程中产生的次生有毒代谢产物。人和动物摄入含大量真菌毒素的食品会发生急性中毒，而长期摄入含少量真菌毒素的食品则会导致慢性中毒和癌症。在目前发现的几百种真菌毒素中，国内外关注度较高的主要包括黄曲霉毒素、赭曲霉毒素、玉米赤霉烯酮等，这些毒素致癌、致畸、致突变作用明显，危害巨大。我国与此相关的检测标准有 GB/T 22508—2008《预防与降低谷物中真菌毒素污染操作规范》等。

4. 致病菌

致病菌是常见的致病性微生物，能够引起人或动物发生疾病。食品中的致病菌主要有沙门菌、副溶血性弧菌、大肠杆菌、金黄色葡萄球菌等。据统计，我国每年由食品中致病菌引起的食源性疾病报告病例数占全部报告的 40%~50%。我国与此相关的检测标准有 SN/T 2641—2010《食品中常见致病菌检测 PCR-DHPLC 法》等。

5. 兽药残留

畜禽产品中的兽药残留会导致人体中毒、性早熟、细菌耐药性强等严重问题，可致敏、致畸、致癌、致突变，另外，抗生素残留还会影响动物性食品的加工。而兽药残留限量标准是评价动物性食品是否安全的准绳之一，其在参与国际合作与竞争、保障产业利益和经济安全方面具有重要意义。同时，兽药残留限量标准作为技术性贸易措施，在国际贸易中的应用日趋频繁，已成为国际经济和科技竞争的一部分。建立和完善兽药残留限量标准，既有利于参与国际标准的修订、把握国际贸易标准制定的主动权和话语权，又有利于有效突破技术性贸易壁垒，抵御国外动物性食品对我国市场的冲击，从根本上提升我国动物性食品的市场竞争力。我国与此相关的检测标准有 GB/T 21317—2007《动物源性食品中四环素类兽药残留量检测方法 液相色谱 - 质谱 / 质谱法与高效液相色谱法》等。

2.4.4 食品添加剂标准

由于食品工业的快速发展，食品添加剂已经成为现代食品工业的重要组成部分，并且成为食品工业技术进步和科技创新的重要推动力。在食品添加剂的使用中，除保证其发挥应有的功能和作用外，最重要的是应保证食品的安全卫生。食品添加剂标准是指规定食品添加剂的使用原则、允许使用的食品添加剂品种、使用范围及最大使用量或残留量、产品质量规格等要求的标准，包括食品添加剂使用标准、食品添加剂质量规格标准等。我国在食品添加剂方面的标准有 NY/T 392—2013《绿色食品 食品添加剂使用准则》、QB/T 2796—2010《食品添加剂 丁酸》、GH/T 1330—2021《食品添加剂半乳甘露聚糖中半乳糖与甘露糖的摩尔分数测定 毛细管气相色谱法》、SN/T 2606—2010《进出口食品检验中食品添加剂摄入量的简要评估方法指南》、GB 9990—2009《食品营养强化剂 煅烧钙》等。

需要注意的是，营养强化剂也是一种添加剂。国际上很重视食品营养强化对人体健康的积极作用。

2.4.5 食品标签标准

食品标签是消费者认识食品的载体，是向消费者提供食品信息和特性的说明，同时也是食品监管部门监督检查的重要依据。对食品标签的规范和管理，能帮助消费者直观地了解包括食品营养组分、特征等在内的信息，引导消费者合理选择预包装食品。做好预包装食品标签管理，既是维护消费者权益、保障行业健康发展的有效手段，也是实现食品安全科学管理的需求。我国相继出台的《食品安全法》和《食品标识管理规定》等提供了规范食品标签的法律依据。在标准层面，我国在食品标签方面的标准有 GB/T 30643—2014《食品接触材料及制品标签通则》、GB/T 32950—2016《鲜活农产品标签标识》等。

2.4.6 食品安全检验方法及规程

食品品质的优劣直接关系到消费者的身心健康。要评价食品的品质，就需要对食品进行检验。食品检验标准是对食品的质量和安全指标进行测定、试验、计量所做的统一规定，主要包括感官分析方法标准、理化检验方法标准、微生物检验方法标准、农药残留 / 兽药残留检验标准、毒理学检验标准等，是我国食品标准体系的重要组成部分。

1. 食品感官分析方法标准

食品感官分析又称感官检验、感官评价，是用感觉器官检查食品感官特性的一种科学方法。在感官分析中，根据人的感觉器官对食品的各种质量特性的"感觉"，用语言、文字、符号或数据进行记录，再运用概率统计原理进行统计分析，从而得出结论，对食品的色、香、味、形、质地、口感等各项指标做出评价。食品质量的优劣最直接地表现在其感官性状上，通过感官指标来鉴别食品的优劣和真伪，不仅简便易行，而且直观实用。

目前，感官分析方法已经成为世界各国广泛采用的一类重要的食品质量检验方法。我国在食品感官分析方法方面的标准有 GB/T 10220—2012《感官分析 方法学 总论》、GB/T 12310—2012《感官分析方法 成对比较检验》、GB/T 12311—2012《感官分析方法 三点检验》、GB/T 12312—2012《感官分析 味觉敏感度的测定方法》、GB/T 12313—1990《感官分析方法 风味剖面检验》、GB/T 12314—1990《感官分析方法 不能直接感官分析的样品制备准则》、GB/T 12315—2008《感官分析 方法学 排序法》、GB/T 39558—2020《感官分析 方法学 "A"-"非A"检验》、GB/T 16861—1997《感官分析 通过多元分析方法鉴定和选择用于建立感官剖面的描述词》、GB/T 21265—2007《辣椒辣度的感官评价方法》等。

2. 食品理化检验方法标准

由于食品的感官性状变化程度很难具体衡量，且鉴别者的客观条件不同和主观态度各异，尤其是在对食品感官性状的鉴别判断有争议时，往往难以得出结论，此时，若需要衡量食品感官性状的具体变化程度，则应该借助理化和微生物的检验方法来确定。食品理化检验是检测工作的一个重要组成部分，可以为食品质量监督和行政执法提供公正、准确的依据。

我国食品安全国家标准中的理化检验方法标准适用于食品安全相关指标的检测，具体涉及食品添加剂、污染物、生物毒素、放射性物质等指标，以及食品产品、食品相关产品、婴幼儿食品、辐照产品中相应理化指标的检验方法。理化检验方法标准规范了检测方法的操作步骤和检验手段，在某些标准方法中明确了标准的检出限、定量限等方法相关参数。

我国在这方面的标准有 SN/T 5325.1—2020《出口食品中食源性病毒定量检测 数字 PCR 法 第 1 部分：诺如病毒》、SN/T 5325.2—2020《出口食品中食源性病毒定量检测 数字 PCR 法 第 2 部分：甲型肝炎病毒》、LS/T 6138—2020《粮油检验 粮食中黄曲霉毒素的测定免疫磁珠净化超高效液相色谱法》、NY/T 3314—2018《生乳中黄曲霉毒素 M_1 控制技术规范》、LS/T 6114—2015《粮油检验 粮食中赭曲霉毒素 A 测定 胶体金快速定量法》等。

3. 食品微生物检验方法标准

食品微生物检验方法是运用微生物学的理论和方法，检验食品中微生物的种类、数量、性质及其对人体健康的影响，以判别食品是否符合标准的检验方法，这对于食品污染和食源性疾病的控制具有重要作用。

我国在食品微生物检验方法方面的标准有 GB/T 4789.25—2003《食品卫生微生物学检验 酒类检验》、GB/T 4789.22—2003《食品卫生微生物学检验 调味品检验》、GB/T 4789.20—2003《食品卫生微生物学检验 水产食品检验》、GB/T 4789.24—2003《食品卫生微生物学检验 糖果、糕点、蜜饯检验》、GB/T 4789.19—2003《食品卫生微生物学检验 蛋与蛋制品检验》、GB/T 4789.21—2003《食品卫生微生物学检验 冷冻饮品、饮料检验》、GB/T 4789.17—2003《食品卫生微生物学检验 肉与肉制品检验》、GB/T 4789.23—2003《食品卫生微生物学检验 冷食菜、豆制品检验》、GB/T 4789.27—2008《食品卫生微生物学检验 鲜乳中抗生素残留检验》等。

4. 食品农药残留和兽药残留检测方法标准

近些年来，随着食品中农药残留问题的逐渐显现，农药残留检测成为食品安全的重要保障技术之一，农药残留最高限量标准与农药残留检测方法标准共同构成了我国的农药残留标准体系。

我国在食品农药残留方面的标准有 LS/T 6139—2020《粮油检验粮食及其制品中有机磷类和氨基甲酸酯类农药残留的快速定性检测》、SN/T 4886—2017《出口干果中多种农药残留量的测定 液相色谱 - 质谱 / 质谱法》、NY/T 2820—2015《植物性食品中抑食肼、虫酰肼、甲氧虫酰肼、呋喃虫酰肼和环虫酰肼 5 种双酰肼类农药残留量的同时测定 液相色谱 - 质谱联用法》、DB61/T 954—2015《水果及果汁产品中多种农药残留量测定方法 液相色谱 - 串联质谱法》、DB22/T 1848—2013《人参及其制品中嘧菌酯等 11 种农药残留量的检测方法》等。

兽药残留检测方法标准是残留监控工作的基础和技术指南，也是国际动物性食品贸易中的一项技术壁垒，各国政府都非常重视对动物性食品兽药残留检测方法标准体系的建设。

我国在食品兽药残留方面的标准有 GB/T 21317—2007《动物源性食品中四环素类兽药残留量检测方法 液相色谱 - 质谱 / 质谱法与高效液相色谱法》、SN/T 2222—2008《进出口动物源性食品中糖皮质激素类兽药残留量的检测方法 液相色谱－质谱／质谱法》、NY/T 1897—2010《动物及动物产品兽药残留监控抽样规范》、NY/T 1896—2010《兽药残留实验室质量控制规范》等。

2.4.7 食品包装材料卫生标准

近年来，我国不断加强食品包装材料标准化建设，发布了一系列新的食品包装材料标准，并开始推广实施。目前，我国已经初步建立了食品包装材料的标准体系，推动了国际贸易的发展，也为保障公众的安全与健康发挥了重要作用。

我国食品包装材料标准体系主要由国家标准、行业标准和部分地方标准组成。我国在这方面的标准有 GB 23350—2009《限制商品过度包装要求 食品和化妆品》、GB/T 33320—2016《食品包装材料和容器用胶粘剂》、SN/T 2203—2021《食品接触材料 木制品类 食品模拟物中多环芳烃的测定》、SN/T 5309—2021《食品接触材料 高分子材料 食品模拟物中壬基酚和辛基酚的测定 液相色谱-串联质谱法》、SN/T 5323—2021《食品接触材料 高分子材料 塑料中对羟基苯甲酸酯类物质迁移量的测定 液相色谱串联质谱法》、SN/T 5232—2019《食品接触材料 鲜切制品气调包装的检测》、SN/T 4946—2017《食品接触材料检测方法 纸、再生纤维素材料 纸和纸板抗菌物质判定 抑菌圈定性分析测试法》等。

2.5　食品产品标准

产品标准是规定产品需要满足的要求以保证其适用性的标准。食品产品标准是为保证食品的实用价值，对食品必须达到的某些或全部要求所做的规定，是产品生产、质量检验、选购验收、使用维护和洽谈贸易的技术依据。

食品产品标准是我国食品标准体系的重要组成部分。在我国现行食品产品标准中，除了少部分被纳入强制性食品安全国家标准体系外，其他主要为数量众多的推荐性国家标准和行业标准。根据食品性质不同，大致可将我国食品产品标准分为普通食品产品标准和特殊食品产品标准。

2.5.1 普通食品产品标准

普通食品产品标准的主要内容一般包括产品分类、技术要求、试验方法、检验规则，以及标签与标识、包装、贮存、运输等方面的要求。我国食品产品标准几乎涵盖了所有的食品种类，如食用植物油标准、肉乳食品标准、水产品标准、速冻食品标准、饮料与饮料酒标准、焙烤食品标准等。

举例来说，我国食用油方面的产品标准有 GB/T 1534—2017《花生油》、GB/T 1535—2017《大豆油》、GB/T 8233—2018《芝麻油》、GB/T 35026—2018《茶叶籽油》、GB/T 10464—2017《葵花籽油》、GB/T 11765—2018《油茶籽油》、GB/T 19111—2017《玉米油》、GB/T 19112—2003《米糠油》、GB/T 23347—2021《橄榄油、油橄榄果渣油》等。

2.5.2 特殊食品产品标准

1. 保健食品产品标准

保健食品是声称并具有特定保健功能或者以补充维生素、矿物质为目的的食品，适合特定人群食用，具有调节机体功能，不以治疗疾病为目的，并且对人体不产生任何急性、亚急性或慢性危害的食品。为了打击违规营销宣传产品功效、误导和欺骗消费者等违法行为，营造健康有序的市场经营环境，保障消费者的合法权益和消费安全，我国制定了一系列保健食品产品、生产、检测标准。

我国在保健食品方面的标准有 GB 17405—1998《保健食品良好生产规范》、GB/T 5009.196—2003《保健食品中肌醇的测定》、GB/T 22249—2008《保健食品中番茄红素的测定》、GB/T 22244—2008《保健食品中前花青素的测定》、GB/T 5009.171—2003《保健食品中超氧化物歧化酶（SOD）活性的测定》等。

2. 婴幼儿配方食品产品标准

婴幼儿是指处于 0~3 岁的小龄孩子。婴幼儿期是人类身体发育的重要时期，此时的营养状况关系到后期的身体和智力发育。在我国，婴幼儿配方和辅食食品的安全性和营养充足性一直受到全社会的高度关注，我国相关部门对乳品、婴幼儿配方食品的营养需求和质量安全也给予了高度重视。

我国在婴幼儿配方食品方面的标准有 QB/T 4971—2018《婴幼儿配方乳粉行业产品质量安全追溯体系规范》、NY/T 1714—2009《绿色食品 婴幼儿谷粉》、GB/T 5413.2—1997《婴幼儿配方食品和乳粉 乳清蛋白的测定》、DB15/T 990—2016《商品条码 乳粉及婴幼儿配方乳粉追溯码编码与条码表示》等。

3. 特殊医学用途配方食品产品标准

特殊医学用途配方食品是指为了满足人们在进食受限、消化吸收障碍、代谢紊乱或特定疾病状态下对营养素或膳食的特殊需要，专门加工配制而成的配方食品，包括适用于 0 月龄至 12 月龄的特殊医学用途婴儿配方食品和适用于 1 岁以上人群的特殊医学用途配方食品。该类食品必须在医生或临床营养师的指导下，单独食用或与其他食品配合食用。适用于 1 岁以上人群的特殊医学用途配方食品可分成全营养配方食品、特定全营养配方食品和非全营养配方食品三类。

我国法律法规对于特殊医学用途配方食品的管理是相当严格的。不仅要求特殊医学用途配方食品实行国家级注册管理，对于特定疾病配方的特殊医学用途配方食品，还需进行注册临床试验。这也保证了特殊医学用途配方食品在临床实践中的安全性和有效性。

研究和临床实践表明，特殊医学用途配方食品在增强临床治疗效果、促进康复、缩短住院时间、改善患者生活质量方面具有重要的临床意义。特殊医学用途配方食品的临床应用应当遵循安全、规范、个体化、动态、有效、经济的原则，考虑患者年龄、疾病及代谢状况，结合营养筛查、评价和诊断的结果，制定个体化处方。由经过特殊医学用途配方食品临床应用规范相关培训的医师和临床营养师，按照营养诊疗流程，掌握适应证及禁忌证，规范开具特殊医学用途配方食品处方，并作为患者使用凭证的医疗文书。

2.6 食品企业标准

在我国，企业标准的类别和内容主要有基础标准、产品标准、设计标准、采购标准、工艺标准、基础设施和工作环境标准、设备和工艺装备标准、检验和试验标准、职业健康安全和环境保护标准、管理标准和工作标准等。

2.6.1 食品企业标准的制定原则

食品企业标准的制定，应遵循以下原则：贯彻国家和地方有关标准化的方针、政策、法律、法规，严格执行强制性国家标准、行业标准和地方标准；保证安全、卫生，充分考虑使用要求，保护消费者利益，保护环境和有利于职业健康；有利于企业技术进步，保证和提高产品质量，改善经营管理和增加社会经济效益；积极采用国际标准和国外先进标准，有利于对外经济技术合作和对外贸易；本企业内的企业标准之间协调一致。

概括来说，食品企业标准的制定应遵循：适用性原则；用户为主原则；技术先进、经济合理、安全可靠原则；协调一致原则；时机适宜原则；效益最佳原则。

2.6.2 食品企业标准的制定程序

1.计划、准备阶段

计划、准备阶段包括制定计划、调研、资料收集、筛选与分析、数据及方法的验证。制定涉及面较广的综合性企业标准，还应成立标准制定工作组，编制标准制修订计划，并按照计划开展标准的编制工作。

2.起草

标准制定者在充分调研和分析、验证的基础上，根据标准的对象和目的，按照企业标准编写要求起草标准的征求意见稿，同时起草编制说明。

3.征求意见

标准征求意见稿完成后，为使标准切实可行，具有较高的质量水平，标准制定者应将企业标准征求意见稿和标准编制说明发送至企业内外相关单位和部门，广泛征求意见，必要时形成征求用户意见。标准制定者根据反馈意见进行修改后，形成企业标准送审稿。

4.审定

标准的审定是保证标准质量、提高标准水平的重要程序。企业在批准、发布企业标准前，应组织有关技术人员或专家对标准进行审定，可采取会议审查或函审两种形式。审查通过后，企业应根据审定意见，对标准送审稿进行修改，形成标准报批稿。

5.标准编号

企业标准的编号为"Q/"依次加上企业代号、顺序号、年号。

6.批准、发布和备案

企业标准报批稿须由企业法人代表或其授权的人批准后才能成为正式的企业标准。批准后的企业标准应确定发布和实施日期，企业标准的发布日期和实施日期之间应留有过渡期，以方便标准使用方进行标准宣贯和实施前的准备，以不低于1个月为宜。

经批准发布的企业产品标准应按相关要求进行备案。

3 国际上的食品标准与贸易协议

本章首先介绍了食品国际标准，然后对欧盟、美国、日本、加拿大、澳大利亚等国家、地区的食品标准进行了叙述，让读者对其主要的食品安全法律法规和食品标准知识有所了解，最后介绍了食品领域主要的国际贸易协议。

3.1 食品国际标准

3.1.1 ISO 标准

1. ISO 的性质及职责

国际标准化组织的英文全称是 International Organization for Standardization，简称 ISO，是一个全球性的非政府组织。它的前身是国家标准化协会国际联合会（ISA）和联合国标准协调委员会，总部设在瑞士日内瓦。

国际标准化活动最早开始于电子领域，于 1906 年成立了世界上最早的国际标准化机构——国际电工委员会。其他技术领域的工作原先由成立于 1926 年的国家标准化协会国际联合会承担，重点在于机械工程方面。ISA 的工作因第二次世界大战，在 1942 年终止。1946 年 10 月，25 个国家标准化机构的代表在伦敦召开大会，决定成立新的国际标准化机构，定名为"国际标准化组织"，其宗旨是促进国家间的合作和行业标准的统一。大会起草了 ISO 的第一个章程和议事规则，并认可通过了该章程草案。1947 年 2 月 23 日，ISO 正式成立。

ISO 是由来自世界上 100 多个国家的标准化团体组成的世界性联合组织，是世界上最大、最权威的综合性非政府国际标准化组织。

ISO 成员分为成员团体、通信成员和注册成员 3 类。成员团体是一国在 ISO

的最高代表，每个国家只能有一所机构以该身份参加。ISO 的大部分成员团体是国家政府系统的一部分或由政府授权，其他成员来自私营部门，由行业协会所设立。中国是以国家标准化管理委员会（注：由国家市场监督管理总局管理）为成员团体加入 ISO 的。

ISO 的主要职责是：制定国际标准；协调世界范围内的标准化活动；组织各成员和技术委员会进行交流；与其他国际机构合作，共同研究、探讨标准化相关课题。ISO 的宗旨是：在世界范围内促进标准化工作的开展，以便国家间的物资交流和互助，并加强在文化、科学、技术和经济方面的合作。

ISO 负责目前绝大部分领域（包括军工、石油、船舶等垄断行业）的标准化活动，制定的国际标准在世界经济、环境和社会的可持续发展中发挥着重要作用。

2. ISO 组织结构简介

ISO 的组织结构主要包括全体大会（General Assembly）、理事会（Council）、中央秘书处、技术管理局（Technical Management Board，TMB）、技术委员会等。ISO 的主要官员有 6 名，包括 ISO 主席、ISO 副主席（政策）、ISO 副主席（技术管理）、ISO 副主席（财务）、ISO 司库和 ISO 秘书长。

全体大会是 ISO 的首要机构和最高权力机构。全体大会每年召开一次，会议议程包括汇报并协商标准化活动的项目进展、ISO 战略规划以及中央秘书处年度财政状况等相关事宜。全体大会由 6 位主要官员以及各成员团体代表共同参与。每个成员团体有 3 个正式代表的席位，其他代表以观察员身份参会，通信成员和注册成员代表也作为观察员出席。

ISO 理事会是 ISO 的核心治理机构，行使 ISO 的大部分管理职能，并向全体大会报告。理事会每年召开 3 次会议，由 20 个成员机构、ISO 主要官员和政策制定委员会的 3 个委员会（合格评定委员会、消费者政策委员会和发展中国家事务委员会）的主席组成。向 ISO 理事会报告的机构包括主席委员会、理事会常务委员会、咨询组、政策制定委员会、中央秘书处和技术管理局等。

中央秘书处负责 ISO 的日常行政事务，编辑出版 ISO 标准及各种出版物，代表 ISO 与其他国际组织联系。

技术管理局是 ISO 技术工作的最高管理和协调机构，从事实质的标准开发工作，包括项目的审批，标准草案的拟定、修改、评议、投票表决，以及向上一级分委会、委员会或全体成员团体提交草案等。技术管理局的专门机构有标准样品委员会、技术咨询组和技术委员会。

3. ISO 标准的制定

ISO 的技术活动是制定并出版国际标准。截至 2018 年，ISO 约有 1000 个技术委员会和分技术委员会负责标准制定。ISO 于 1951 年发布了第一个标准——工业长度测量用标准参考温度。ISO 官网信息显示，截至 2019 年 8 月，ISO 已发布了 22 754 个国际标准和相关文件，涵盖了技术和制造的方方面面。

ISO 标准由国际标准技术委员会和分技术委员会经过 6 个阶段形成：建议阶段、准备阶段、委员会讨论、征询阶段、批准阶段和发布阶段。ISO 的标准每隔 5 年重审一次。

ISO 食品技术委员会（ISO/TC 34）颁布的标准涉及范围为人类和动物食品领域，由基础标准（术语）、分析和取样方法标准、产品质量与分级标准、包装标准、运输标准、贮存标准等组成。

ISO 已颁布的与食品行业相关的管理体系标准有：ISO 9000 质量管理体系标准——帮助企业建立、实施并有效运行的系列标准；ISO 14000 环境管理体系标准——帮助企业改善环境行为、协调统一世界各国环境管理工作的系列标准；ISO 22000 食品安全管理体系标准——覆盖了 CAC 关于 HACCP 的全部要求，帮助并证实食品链中所有希望建立保证食品安全体系的组织已经建立和实施了食品安全管理体系，从而有能力提供安全食品。

3.1.2 CAC 标准

国际食品法典委员会的英文全称是 Codex Alimentarius Commission，简称 CAC。它是由联合国粮食及农业组织和世界卫生组织于 1963 年创立的政府间组织。CAC 制定了一系列协调性的国际食品标准、指南和行为准则，其宗旨是保护消费者的健康，确保食品交易过程中的公平操作。此外，该委员会对国际政府和非政府组织承担的所有食品标准方面的工作起促进协调作用。

1. CAC 的组织机构、工作流程及作用

CAC 下设秘书处、执行委员会、地区协调委员会、专业委员会及政府间特别工作组。

执行委员会负责 CAC 工作的全面协调，由主席、副主席、区域协调员和选

自 CAC 不同地理区域组的区域代表组成。

专业委员会分为商品委员会和综合主题委员会两类。商品委员会指负责食品及食品类别的分委会，垂直管理各种食品，主要涉及鱼和鱼制品、新鲜水果和蔬菜、乳和乳制品等；综合主题委员会负责食品添加剂、农药残留、标签、检验和出证体系以及分析和采样等特殊项目，其所涉及的基本领域都与各种食品及各个商品委员会密切相关。

地区协调委员会负责处理各地区的区域性事务。

CAC 的工作内容包括制定食品法典标准，制定农药、食品添加剂等标准，确定安全系数，制定每日允许摄入量（ADI）、操作规范和指南等。CAC 制定一项标准的程序包括以下 8 个步骤。

① CAC 批准新工作项目，同时确定该项目的专业委员会。

②专业委员会完成标准草案拟定后，由秘书处准备征询意见的文件。

③秘书处向所有成员和观察员发送草案提案，征询意见。

④秘书处将意见转给专业委员会。

⑤专业委员会对草案提案意见进行讨论，对文本进行修订，并决定下一步骤（前进、后退、搁置）。

⑥将标准草案提案提交至执行委员会进行评判性审议，提交至 CAC 通过，成为标准草案。

⑦再次发送征询意见（同步骤③）；传达意见（同步骤④）；讨论和决定下一步（同步骤⑤）。

⑧标准草案提交至执行委员会，进行评判性审议，提交至 CAC 通过，成为标准。

制定标准可能需要数年，经 CAC 通过后，标准被添加到《食品法典》，并在官方网站公布。法典标准及其相关文本均为自愿性质，需要转为国家立法或条例才能执行。

CAC 标准是以科学为基础，在获得所有成员一致同意的基础上制定出来的。《食品法典》采用了风险分析来估计一项食品危害或状况对人类健康和安全的风险，以确定和实施适当的措施来控制风险，并向所有相关人员宣传。CAC 及其专业委员会在制定商品和一般性（基础）标准时，以科学危险性评价（定性与定量）为基础，以保障消费者利益、促进公正国际食品贸易活动为原则，已经建立的标准法典强调保证消费者得到的产品质量不低于可接受的最低水平、是安全无害的。

公众对食品安全问题的关注往往将食品法典标准置于全球舆论的热点。生物技术、农药、食品添加剂和污染物是 CAC 会议上进行讨论的一些常见问题。CAC 标准是建立在可利用的科学技术上的，同时得到了独立的国际风险估计机构或由联合国粮食及农业组织、世界卫生组织设立的专门咨询机构的协助。尽管 CAC 标准的推荐规范是成员自愿使用，但在许多情况下，CAC 标准起到国家立法的基础作用。世界贸易组织关于实施动植物卫生检疫措施协议（SPS 协议）中所提及的 CAC 食品安全标准表明，《食品法典》对解决贸易争端具有深远的影响。CAC 成员覆盖的人口约占全球的 99%，越来越多的发展中国家正积极地加入食品法典的进程——这些国家中不少得到了食品法典信托基金的资助，该基金致力于为来自这些国家的参与者提供经费与培训工作，使其能更有效地参与食品法典的工作。成为一名 CAC 的活跃成员有助于所代表国家在复杂的国际市场中展开竞争，并且能为本国人民改进食品的安全。同时，出口方也能了解进口方需要什么，进口方也能避免不符合标准的进货。

国际政府和非政府组织可以成为公共认可的食品法典观察员，向 CAC 提供专家咨询信息、建议和协助。从 1963 年开始，食品法典系统就以一种开放、透明和包容的方式渐进地面对所出现的挑战。国际食品交易是一大产业，每年有大量食品进入生产、经销和运输环节。为保护消费者的健康，确保食品交易中的公平操作，在经济快速发展的今天，还有许多与食品标准有关的工作需要推进。

2. CAC 标准情况

CAC 标准主要分通用标准、准则、操作规范，以及商品标准两大类。通用标准、准则、操作规范是法典文本的核心内容，适用于所有产品和产品类别，通常涉及卫生操作、标签、添加剂、检验和认证、营养以及农药和兽药残留。商品标准是指适用于某种或某类特定产品的标准。

CAC 标准较 ISO 标准与国际贸易结合更紧密，其重点是世界分布范围广和经济效益较高的产品。食品法典准则提供基于证据的信息、建议以及建议程序，确保食品安全、优质，可进行交易。食品法典操作规范包括卫生操作规范，确定对确保食品安全、适于消费至关重要的个别食品或食物群的生产、加工、制造、运输和储存做法。截至 2019 年 8 月，CAC 已制定 359 项标准、准则和操作规范，涉及食品添加剂、污染物、食品标签、食品卫生、营养与特殊膳食、检验方法、农药残留、兽药残留等各个领域。

20 世纪 60 年代，最早一批食品法典文本为印刷卷册。为跟上电子归档技术的进步，于 20 世纪 90 年代采用了光盘。目前，每项食品法典标准均以数字格式创建和存储，一经 CAC 通过，即在 CAC 网站上以多种语言公布，用户可免费下载。

3.1.3　IFOAM 标准

国际有机农业运动联盟的英文全称是 International Federal of Organic Agriculture Movement，简称 IFOAM。IFOAM 于 1972 年 11 月 5 日在法国成立，成立初期只有英国、瑞典、南非、美国和法国 5 个国家的 5 个单位的代表。经过几十年的发展，目前，IFOAM 已成为一个拥有来自 100 多个国家 700 多个集体会员的国际有机农业组织。目前，国际市场上的有机食品品种主要有粮食、蔬菜、油料、肉类、乳制品、蛋类、酒类、咖啡、可可、茶叶、草药、调味品，以及动物饲料、种子、棉花、花卉等有机产品。

IFOAM 的宗旨是：主张在世界范围内开展有机农业运动，并且提供全球范围内的学术交流与合作舞台；在发展有机农业系统过程中，提供一个包括保持环境可持续发展和满足人类需求的综合途径；利用各会员的专长，为人们日常生活的需要打开一道方便之门。

IFOAM 的功能主要是：在世界范围内建立一种发展有机农业运动的协作网。

1. IFOAM 的主要目标和活动

（1）IFOAM 的主要目标

①在会员之间交流知识和专业技能，并向人们宣传有机农业运动。

②在世界范围内，在政府机构中和一些制定政策的会议上倡导开展有机农业运动。

③制定和定期修改"IFOAM 有机农业和食品加工的基本标准"。

④制定一个真正的有机农业质量保证书，IFOAM 的颁证资格确认项目保证了世界范围内颁证程序的可靠性。

（2）IFOAM 的活动

IFOAM 为发展有机农业提供了许多信息交流的机会。例如，举办国际性的、洲际性的以及区域性的 IFOAM 会议，或者通过 IFOAM 的国际刊物，如通过《生态和农业》（*Ecology and Farming*）杂志和大会论文集的形式进行学术交流。IFOAM 在国际上开展了广泛的活动，使有机农业运动在世界范围内掀起了高潮，并不断地扩大影响，使有机农业受到那些制定农业政策的职能机构的重视。

通过 IFOAM 出版的"国际有机农业会员"名录（*IFOAM Directory of the Member Organizations and Associates*），或者通过 IFOAM 的网站，人们能够很容易地与世界上任何地区从事有机农业的合作者建立联系。

IFOAM 随时接纳新会员。那些从事有机农产品生产、加工、贸易和咨询的公司或组织，以及从事有机农业研究和培训的机构都可以申请成为 IFOAM 的会员。此外，对于那些为有机农业运动做出特殊贡献的个人和公司，也可以作为特别的支持者加入 IFOAM。

2. IFOAM 的法规与管理体系

IFOAM 的有机农业和有机农产品标准主要涉及两个层次：一是联合国层次，二是国家层次。联合国层次的有机农业和有机农产品标准是由联合国粮食及农业组织与世界卫生组织领导的有机认证者委员会（Organic Certifiers Council，OCC）制定的，是《食品法典》的一部分。《食品法典》的标准基本上参考了欧盟有机农业标准 EU 2092/91 以及国际有机农业运动联盟的"基本标准"。

在国家层面，IFOAM 的基本标准属于非政府组织制定的有机农业标准，每两年召开一次会员大会，进行基本标准的修改，它联合了国际上从事有机农业生产、加工和研究的各类组织和个人，其标准具有广泛的民主性和代表性，为许多国家制定有机农业标准的参照。

IFOAM 的基本标准包括了植物生产、动物生产以及加工的各类环节，还专门制定了茶叶和咖啡的标准。IFOAM 的授权体系——监督和控制有机农业检查认证机构的组织和准则（Independent Organic Accreditation Service，IOAS）单独对有机农业检查认证机构实行监督和控制。

3. IFOAM 对发展有机农业生产和有机食品加工的主要目标

①生产足够的优质产品。

②以一种建设性、提高生命的方式与自然系统相互作用。

③考虑到有机生产和加工体系的广泛的社会和生态影响。

④促进耕作系统中包括微生物、土壤动植物、其他植物和动物在内的生物循环。

⑤发展一种有价值的持续水生生态系统。

⑥保持和提高土壤的长效肥力。

⑦保持生产体系和周围环境中的基因多样性，包括保护植物和野生动物的栖息地。

⑧促进水、水资源和其他生命的合理利用和保护。

⑨尽可能利用当地生产系统中的可再生资源。

⑩协调作物生产和畜牧业生产的平衡。

⑪考虑畜禽在自然环境中的所有生活需求和条件。

⑫使各种形式的污染最小化。

⑬利用可再生资源加工有机产品。

⑭生产生物可完全降解的有机产品。

⑮使从事有机生产和加工的每一个人都能获得足够的收入，享受优质的生活，满足他们的基本需求，对其从事的工作满意，包括有一个安全的工作环境。

⑯努力使整个生产、加工和销售链都能向社会上公正、生态上合理的方面发展。

以上目标可以概括为环境、健康、经济及社会公正四个方面，要实现此目标，有机生产者就必须真正理解有机农业原理，使其生产系统按生态学、生物学自身的规律发挥作用。任何过分的利益驱动和急功近利的思想都不利于发展成功的有机生产，也不利于实现有机生产的目标。

3.2 一些发达国家和地区的食品标准

3.2.1 欧盟的食品标准

欧盟的食品标准是欧盟食品安全体系的重要组成部分，是以欧盟指令的形式体现的。欧盟在 1985 年发布的《技术协调和标准化的新方法》中规定，凡涉及产品安全、工作安全、人体健康、消费者权益保护等内容时就要制定相关的指令，即 EEC 指令。指令中只列出基本的要求，而具体要求则由技术标准来规定。由此，在欧盟形成了上层为欧盟指令、下层为具体要求，厂商可自愿选择的技术标准组成的二层结构的欧盟指令和技术标准体系。该体系有效地消除了欧盟内部市场的贸易障碍。但欧盟同时规定，属于指令范围内的产品必须满足指令的要求才能在欧盟市场上销售，达不到要求的产品不允许流通。这一规定为欧盟以外的国家设置了贸易障碍。另外，在上述体系中，依照《技术协调和标准化的新方法》规定的具体要求制定的标准，称为协调标准。协调标准被给予与其他欧盟标准统一的标准编号。因此，从标准的编号等表面特征上看，协调标准与欧盟标准中的其他标准没有区别，没有单独列为一类，均为自愿执行的欧盟标准。但协调标准的特殊之处在于，凡是符合协调标准要求的产品均可视为符合欧盟技术法规的基本要求，从而可以在欧盟市场内自由流通。

1. 欧盟食品标准的制定机构

欧洲标准（EN）是欧洲的区域级标准，对贸易有重要的作用。欧洲的标准化机构主要有欧洲标准化委员会（CEN）、欧洲电工标准化委员会（CENELEC）和欧洲电信标准协会（ETSI）。这3个组织都是被欧洲委员会按照83/189/EEC指令正式认可的标准化组织，它们分别负责不同领域的标准化工作。CENELEC负责制定电工、电子方面的标准，ETSI负责制定电信方面的标准，而CEN负责制定除CENELEC和ETSI负责的领域之外所有领域的标准。

欧盟委员会（EC）和欧盟理事会是欧盟有关食品安全卫生的立法机构。欧盟委员会负责起草和制定与食品质量安全相应的法律法规，如有关食品化学污染和残留的221/2002号法规；还有食品安全卫生标准，如体现欧盟食品最高标准的《欧盟食品安全白皮书》；以及各项委员会指令，如关于农药残留立法相关的委员会指令2002/63/EC和2000/24/EC。而欧盟理事会同样也负责制定食品卫生规范要求，规范在欧盟的官方公报上，以欧盟指令或决议的形式发布，如有关食品卫生的理事会指令93/43/EEC。以上2个机构不介入具体的执行工作。

2. 欧盟的主要食品安全标准

（1）农药残留标准

欧盟关于农药残留的立法始于1976年11月的理事会指令76/895/EEC。在1986～1990年，欧盟共颁布了三项理事会指令，为植物、谷物和动物产品设定了最大残留限量（MRL）。欧盟目前关于农药残留最大限量的标准与法规是（EC）No396/2005。该法规解决了以往欧洲食品中农药残留标准混乱不一的问题，有利于各成员国之间进行食品贸易，科学制定相关标准。每年欧盟都会组织相关专家进行评估，对已有的标准进行更新。

2014年初，欧盟委员会发布《食品和植物或动物源饲料中农药最大残留限量》，针对茶叶农药残留限量指标的共453项，其中杀虫剂253项、杀菌剂103项、杀螨剂85项、除草剂12项，未制定最大残留限量的农业化学品一律执行检出量不得超过 0.01mg/kg 的标准。2014 年 7 月下旬，欧盟委员会健康与消费者总司修改了（EC）No396/2005 号法规中有关二氯丙烯、甲羧除草醚、精二甲吩草胺、调环酸、甲苯氟磺胺及氟乐灵 6 种农药的最大残留量。2015 年 12 月，欧盟发布的农药残留限量标准法规对茶叶中的农药残留限量做了修改，新的标准中涉及茶叶农药残留限量的数目为 493 项。新增农药种类有氟啶虫胺腈、氟吡呋喃酮、氟氯吡啶酯、吲哚乙酸、吲哚丁酸、二氟乙酸和 3- 癸烯 -2- 酮。同时，限量标准更加严格，如福赛得和三乙膦酸铝的最大残留限量由 5mg/kg 降低至 2mg/kg，灭多威、硫双威、硝磺草酮、甲基立枯磷的限量由 0.1mg/kg 降低至 0.05mg/kg；啶酰菌胺和三环唑的限量由 0.05mg/kg 降低至 0.01mg/kg。

欧盟农药修订单（EU）2018/832 于 2018 年 6 月 26 日正式实施，修订单将农药残留限量法规（EC）No396/2005 的附录 Ⅱ《确定的 MRLS 农药名单》、附录 Ⅲ《暂行的 MRLS 农药名单》中部分农药在农产品中的残留限量做了修订。本次修订共涉及 17 种农药。其中溴氰菊酯在部分农产品中的最大残留限量值未改变，仅变更为临时限量；对其余 16 种农药的残留限量值做了修订，最大残留限量均放宽了要求。

2020 年 7 月 24 日，欧盟发布（EU）2020/1085 号法规，修订（EC）No 396/2005 号法规中的食品中农药最大残留限量。修订的主要内容为：①删除了（EC）No 396/2005 号法规附件 Ⅱ 中所有关于毒死蜱和甲基毒死蜱在食品中的残留限量要求；②将附件 Ⅴ 中毒死蜱和甲基毒死蜱的检出限量调整为 0.01mg/kg。

（2）食品包装、贮运与标识

在欧盟内流通的商品都必须符合产品包装、运输和标识的有关标准规定，具体标注的方法是：在出售食品的旁边放一个说明标签（而不是印在食品包装上）；如果食品中的转基因成分含量超过 1%，且产品有配料成分清单，则须在配料单上注明"配料是由转基因大豆（或玉米）制成的"，或标明"添加剂和香精为转基因产品"；如果没有转基因成分，则在产品标签上直接注明"此食品不含有转基因成分"。

（3）农产品进口标准

要进入欧盟市场的产品必须满足以下三个条件之一。

①符合欧洲标准，取得欧洲标准化委员会认证标志。

②与人身安全有关的产品，要取得欧盟安全认证标志。

③进入欧盟市场的产品厂商，要取得 ISO 9000 合格证书；同时，欧盟明确

要求，进入欧盟市场的产品凡涉及欧盟指令的，必须通过认定，才允许进入欧盟市场。

（4）水产品标准

涉及水产品的标准有：《痕量元素的测定 用微波溶解后的石墨炉原子吸收光谱法测定海产品中的砷》（EN 14332：2004）、《贻贝中大田软海绵酸的测定 固相萃取净化、衍生和荧光检测的 HPIC 法》（EN 14524：2004）等。

2003 年，CEN 分别颁布了《水产品的可追踪性 饲养鱼配送链中记录信息的规范》（CWA 14659：2003）和《水产品溯源计划 捕捞鱼配送链中的信息记录规范》（CWA 14660：2003）两个标准，对食品的溯源要求逐渐严格。

食品溯源制度是食品安全管理的一项重要手段。它能够赋予消费者知情权，通过向消费者提供生产商和加工商的全面信息，使消费者了解食品的真实情况。另外，该制度强化了产业链中各企业的责任，有安全隐患的企业将被迫退出市场，而产品质量好的企业则可以建立信誉。从发展的趋势来看，为了确保食品的质量安全，必须加强源头监管，明确责任主体。现在，对食品的溯源要求已经是很多国家食品安全管理的重要内容。

3.2.2 美国的食品标准

1. 美国的标准体制及其特点

美国是一个技术法规和标准的大国。美国标准体制最主要的特点是技术法规和标准多。美国制定的包括技术法规和政府采购细则在内的标准有几万个；私营标准机构、专业学会、行业协会等非政府机构制定的标准也有几万个。美国法规是比较健全和完善的。它是由联邦政府各部门颁布的综合性的现行法典，按照政治、经济、工农业、贸易等各方面可分为 50 卷，共 140 余册。每卷根据发布的部门不同分为不同的章，每章再根据法规的特定内容细分为不同的部分。

美国标准体制的第二个特点是其结构的分散化。联邦政府负责制定一些强制性的标准，主要涉及制造业、交通、食品和药品等。此外，相当多的标准，特别是行业标准，是由工业界等自愿参加制定和采用的。美国的私营标准机构就有 400 多个。美国国家标准协会是协调者，协会本身并不制定标准。也就是说，实际上美国并没有一个公共或私营机构主导标准的制定和推广。美国标准体制的分散化，导致一些美国标准存在贸易保护主义色彩。因为标准制定的分散化为标准的制定提供了多样化渠道，使制定者能根据一些特殊要求做出灵活反应，及时从标准的角度出台限制性措施。

美国标准体制的第三个特点是合格评定系统既分散又复杂。美国普遍采用"第三方评定"，其合格评定系统的主体是专门从事测试认证的独立实验室。美国独立实验室委员会有 400 多个会员，其中如美国保险商实验室（UL），是美国著名的安全评定机构。美国的一些大连锁店基本上不销售未取得 UL 安全认证的电器。在这种分散的合格评定结构中，美国政府部门的作用是认定和核准各独立实验室的资格，或指定某些实验室作为某行业合格评定的特许实验室，从而使得这些实验室颁发的证书具有行业认证效力。

综上所述，美国的技术法规和标准不仅多，要求高，而且评定系统很复杂。

2. 美国的主要食品安全标准

美国的食品安全标准主要是检验检测方法标准和被技术法规引用后的肉类、水果、乳制品等产品的质量分等分级标准两大类。这些标准的制定机构主要有：经过美国国家标准学会（ANSI）认可的、与食品安全有关的行业协会，标准化技术委员会和政府部门 3 类。

（1）行业协会制定的标准

①美国官方分析化学师协会（AOAC）制定的标准。美国官方分析化学师协会，前身是美国官方农业化学师协会，它于 1884 年成立，1965 年改用现名，从事检验与各种标准分析方法的制定工作。标准内容包括：肥料、食品、饲料、农药、药材、化妆品、危险物质和其他与农业及公共卫生有关的材料标准等。

②美国谷物化学师协会（AACC）制定的标准。美国谷物化学师协会，于 1915 年成立，旨在促进谷物科学的研究，保持科学工作者之间的合作，协调各技术委员会的标准化工作，推动谷物化学分析方法和谷物加工工艺的标准化。标准示例：AACC Corn Chemistry and Technology（谷物化学方法与工艺）。

③美国饲料官方管理协会（AAFCO）制定的标准。美国饲料官方管理协会，于 1909 年成立，制定各种动物饲料术语、官方管理及饲料生产的法规及标准。

④美国奶制品学会（ADPI）制定的标准。美国奶制品学会，于 1923 年成立，进行奶制品的研究和标准化工作，制定产品定义、产品规格、产品分类等标准。标准示例：ADPI 915 Recommended Sanitary/Quality Standards Code for the Dry Milk Industry（牛奶加工卫生 / 质量推荐标准代码）。

⑤美国饲料工业协会（AFIA）制定的标准。美国饲料工业协会，于1909年成立，具体从事有关饲料的科研工作，并负责制定联邦与州的有关动物饲料的法规和标准，包括饲料材料专用术语和饲料材料筛选精度的测定与表示等。标准示例：AFIA 010 Feed Ingredient Guide II（饲料成分指南）。

⑥美国油脂化学家协会（AOCS）制定的标准。美国油脂化学家协会，于1909年成立，主要从事动物、海洋生物和植物油脂的提取、精炼，油脂在消费与工业产品中的使用研究，以及有关安全包装、质量控制等方面的研究。

⑦美国公共卫生协会（APHA）制定的标准。美国公共卫生协会，成立于1812年，主要制定工作程序标准、人员条件要求及操作规程等。标准包括食物微生物检验方法、大气检定推荐方法、水与废水检验方法、住宅卫生标准及乳制品检验方法等。

（2）标准化技术委员会制定的标准

①三协会卫生标准委员会制定的标准。它是由牛奶工业基金会（MIF）、乳制品工业供应协会（DFISA）及国际奶牛与食品卫生工作者协会（IAMFS）联合制定的关于奶酪制品、蛋制品加工设备清洁度的卫生标准，并发表在《奶牛与食品工艺》杂志上。标准示例：3-A 0107 Sanitary Standards for Storage Tanks for Milk and Milk Products（牛奶及其制品贮罐的卫生标准）。

②烘焙业卫生标准委员会（BISSC）制定的标准。烘焙业卫生标准委员会，于1949年成立，从事标准的制定、设备的认证、卫生设施的设计与建造、食品加工设备的安装等。由政府和工业部门的代表参加标准编制工作，特殊的标准与标准的修改由协会的工作委员会负责。协会的标准为制造商和烘烤业执法机关所采用。

（3）农业部农业市场服务局制定的标准

美国农业部农业市场服务局（AMS）制定农产品分级标准，收集在《美国联邦法规法典》的CFR7中。其中，新鲜果蔬分级标准，涉及新鲜果蔬、加工用果蔬等农产品；加工的果蔬及其产品分级标准，分为罐装果蔬、冷冻果蔬、干制和脱水产品、糖类产品和其他产品五大类；此外，还有乳制品分级标准、蛋类产品分级标准、畜产品分级标准、粮食和豆类分级标准等。这些农产品分级标准是依据美国农业销售法规制定的，对农产品的不同质量等级予以标明。分级标准根据需要不断修订，每年会对大约7%的分级标准进行修订。

3.2.3 日本的食品标准

1. 日本的食品标准概述

日本的技术法规和标准多而严，而且往往与国际通行标准不一致。日本市场规模较大、消费水平较高、对商品质量要求较高，进口制成品的比重较大。一种产品要进入日本市场，不仅要符合国际标准，还要符合日本标准。

日本对进口商品规格要求很严，在品质、形状、尺寸和检验方法上均规定了特定标准，如对入境的农产品，规定先由日本农林水产省的动物检疫所对具有食品性质的农产品，以食品的角度进行卫生防疫检查。日本进口商品规格标准中有一种是任意型规格，即在日本消费者心目中自然形成的产品成分、规格、形状等。

日本对绿色产品格外重视，通过立法手段，制定了严格的强制性技术标准，包括绿色环境标志、绿色包装制度和绿色卫生检疫制度等。进口产品不仅要求质量符合标准，而且生产、运输、消费及废弃物处理过程也要符合环保要求，即对生态环境和人类健康均无损害。在包装制度方面，日本要求产品包装必须有利于回收处理，且不能对环境产生污染。在绿色卫生检疫制度方面，日本对食品药品的安全检查、卫生标准十分严格，尤其是在对农药残留、放射性残留、重金属含量的要求上。

2. 日本的主要食品安全标准

（1）投入品标准

21世纪初，日本进口农产品曾出现了一些农兽药超标事件，同时发现国内存在大量未登记农药的违法使用问题，使得消费者对食品安全极不信任。为了对这些问题进行规避，日本农林水产省对《农药取缔法》进行了修改，以加强未登记农药的取缔与处罚。同时，日本的食品安全委员会协调相关机关加强了对投入品的管理。日本厚生劳动省根据《日本食品卫生法》修订案，将所有与农业生产有关的投入品纳入了监管范围，并制订了如下标准。

①一律标准。在该标准水平下，要求没有规定最大使用限量的物质必须一律低于0.01mg/kg（豁免物质除外），因此不太可能对人体健康产生不利影响。该标准是厚生劳动省在听取了药事和食品卫生审议会的意见后，根据日本人的饮食特点计算得出的。

②豁免物质。豁免物质是指定的不会对人体健康造成不利影响的物质。其制定的依据是科学的风险评估。根据物质残留特性（如残留方式）判断，即使在作

物、动物或水产品中残留一定的水平，也不会对健康产生负面影响的物质，列为豁免物质。豁免物质包括化学变化产物（分解产物）。

③厚生劳动省根据《日本食品卫生法》修订案的规定，制定了食品中临时最大允许残留限量标准。该标准对通用农药、兽药和饲料添加剂都设定新的残留量标准，并根据参考资料及新毒理学资料的变化情况，每5年复审一次。

以上3个标准是日本肯定列表制度制定的依据。基于对食品安全方面条款的修订，日本出台了《食品中残留农业化学品肯定列表制度》，并于2005年5月29日生效。在接受各国评议之后，2005年12月日本公布了肯定列表制度的最终版本，并于2006年5月29日起正式实施。

（2）生产方法标准

日本对一些产品的生产方法标准进行了专门的规定。以有机农产品为例，《日本有机农产品加工食品标准》（2000年1月20日农林水产部第60号通告）为有机农产品加工食品的生产方式制定了相应的标准，主要包括原材料、原料的利用比率及生产、加工、包装和其他的管理。该通告认为，有机农产品加工食品生产准则应是：为保持有机农产品的制造和加工过程中原料的特性，在生产加工过程中应该以使用原材料和适用于物理及生物功能的加工方法为主，避免使用食品添加剂和化学合成的药物。

其中，生产方法标准也涉及对食品添加剂的规定。这些规定也符合投入品标准，即除指定的对人类健康无害的食品添加剂外，《日本食品卫生法》禁止任何有关食品添加剂以及含有此类食品添加剂的食品销售、生产、进口和使用的行为，但不包括天然调味剂，以及既可以作为食品又可以作为食品添加剂的物质。

（3）产品品质标准

日本对产品的品质要求很高，目前其产品的品质标准主要有两类：一类是安全标准，包括动植物病疫、有毒有害物质残留等；另一类是质量标准。日本农林水产省与厚生劳动省颁布的品质规格标准要求大多高于国际标准。

日本厚生劳动省下设食品安全局，主要负责加工和流通环节产品质量安全的监督管理。日本农林水产省为强化农产品质量安全管理，于2003年对内设相关机构进行了较大调整，专门成立了消费安全局，主要负责国内生鲜农产品生产环节的质量安全管理。产品质量安全检测监督工作由日本厚生劳动省与农林水产省共同协调完成。利用高灵敏、高技术检测仪器，日本农林水产省与厚生劳动省负责农产品的监测、鉴定和评估，同时也负责政府委托的市场准入和市场监督检验工作。

为加强食品的安全性，日本农林水产省与厚生劳动省还对产品进行市场抽查。但是，日本农林水产省只抽检国产农产品，以调查分析农产品生产过程中的安全性和对认证产品进行核查，提高国产农产品的竞争力。日本厚生劳动省则对进口和国产农产品进行执法监督抽查，其抽查结果可以依法对外公布并作为处罚依据。

（4）质量标识标准

质量标识制度是日本 JAS 制度（日本的农业标准化管理制度）的重要基石之一。其目的是保证消费者对产品信息的知情权，维护消费者的合法权益。

根据日本《农林产品品质规格和正确标识法》（简称《JAS 法》）的要求，为加强对农产品和食品的认证、标识管理，在日本市场上出售的农产品应带有认证标识。销售者（餐饮业不受此限）对其出售的食品的原产地要明确标记。标记的内容包括产品名称、制作原材料、包装时的容量、流通期限、保存方法、生产制造者名称及详细的地址等。

为更好地规范产品的质量标识，日本专门制定了易腐食品质量标签标准、加工食品的质量标签标准、转基因食品的质量标签标准等，并对某些具体的产品（如番茄制品、精制冷冻食品等）制定了专类的标识标准。这一制度避免了消费者被错误标识的产品或质量不合格的产品所蒙蔽，在一定程度上维护了消费者的合法权益。

（5）特殊标准

随着科技的发展，食品的品种也越来越多。为了对食品的质量安全等方面进行全面的规范，日本的食品安全法律规范规定了一些特殊的标准。被制定特殊标准的食品包括以下几种。

①转基因食品。2001 年 4 月 1 日，日本厚生劳动省开始检测未被批准的转基因产品，保证那些安全性还未被证明的转基因产品的零允许。任何产品如果含有未被批准的物质，将不能进口到日本。

②环境和饲料。日本农林水产省分别进行强制性的环境安全评估及自愿性的饲料安全评估（在恰当的情况下）。日本农林水产省已确认了通过生物技术所产生的多种植物的环境安全性，包括大豆、玉米、油菜籽、棉花、西红柿、大米、牵牛花和康乃馨等。

③肉和肉产品。新鲜的、加工的或已贮存的肉或肉产品进入日本时，必须提供出口国相关政府机构签发的检验证书，如"肉和家禽出口日本卫生证书"，要求该证书是由合格的肉及家禽监督人员签署并在屠宰或加工点颁发的。

④新鲜的、未煮过的或部分脱水的水果、蔬菜及未经加工的谷类产品。新鲜的、未煮过的或部分脱水的水果、蔬菜及未经加工的谷类产品必须附有日本要求的由出口国出具的植物检疫证书。某些新鲜的水果和蔬菜根据日本检疫法是被禁止进口的，其中包括杏、甜柿子椒、洋白菜、辣椒、茄子、桃、梨、李子、土豆、萝卜、红薯以及山药。

⑤允许进口的冷冻水果及蔬菜。那些日本政府允许以新鲜形式（在冷冻之前未经加热）进口的冷冻水果及蔬菜可以由出口国加工者、出口商或相关的政府机构自我认证。自我认证要求在产品随附的装运单上附有相关信息，而且发票需要附着在产品上。

⑥禁止进口的冷冻水果及蔬菜。以新鲜状态被禁止进口到日本的冷冻水果及蔬菜必须得到日本政府承认的出口国的官方认证并附有质量证书。

3.2.4　加拿大的食品标准

1. 加拿大的食品质量安全管理机构及职责

加拿大负责食品质量安全管理的政府部门主要有农业部和卫生部。农业部及下属食品检验署（Canadian Food Inspection Agency，CFIA）负责食品的安全卫生监控。食品检验署的工作职责不仅在《加拿大食品检验署法》中做了概括规定，同时在《肉类检验法》《肥料法》和《水果蔬菜条例》等法律法规中进一步加以明确，使得加拿大不论是食品的安全卫生标准，还是农作物种子种苗、食品进出口检疫检验、食品标签标识、肥料质量标准、农药兽药安全及使用标准、农产品生产加工及运输标准的监督工作都由食品检验署统一负责。

2. 加拿大的食品标准与相关的法律法规

为了确保食品的优质安全，提高食品在国际市场上的竞争力，加拿大建立了完善的法律法规体系，以保障标准的实施。

加拿大涉及食品质量安全有关标准的主要法律有：《食品药品法》（*The Food and Drugs Act*）、《有害物控制产品管理法》（*The Pest Control Products Act*）、《植物保护法》（*Plant Protection Act*）、《加拿大谷物法》（*Canada Grain Act*）、《肉类检查法》（*Meat Inspection Act*）、《消费者包装标签法》（*The Consumer Packaging and Labelling Act*）、《肥料法》（*Fertilizers Act*）、《种子法》（*Seeds Act*）、《饲料法》（*Feeds Act*）等。

加拿大涉及食品质量安全有关标准的主要法规有:《食品药品条例》(*The Food and Drug Regulations*)、《植物保护条例》(*Plant Protection Regulations*)、《加拿大谷物条例》(*Canada Grain Regulations*)、《新鲜水果蔬菜条例》(*Fresh Fruit and Vegetable Regulations*)、《新食品管理条例》(*The Novel Food Regulations*)、《新食品安全评价准则》(*Guidelines for the Safety Assessment of Novel Foods*)、《肉类检查条例》(*Meat Inspection Regulations*)、《消费者包装标签条例》(*The Consumer Packaging and Labelling Regulations*)、《肥料条例》(*Fertilizers Regulations*)、《种子条例》(*Seeds Regulations*)、《饲料条例》(*Feeds Regulations*)等。

下面对食品标准及规定情况进行详细介绍。

(1)产品及产品质量分类标准

①产品分类。加拿大农业主要分为种植业、畜牧业及加工业 3 类。其中,种植业又可分为大宗谷物产品、草料作物、水果蔬菜及园艺产品等;畜牧业包括家畜、家禽的饲养及加工、乳酪产品等。

②产品质量分类标准。在加拿大,只要是用于境内省际贸易、出口或进口的食品,都必须符合一定的产品质量标准。加拿大对大宗谷物、油料种子、水果蔬菜、牲畜、乳酪等食品都制定了详细的等级标准。如加拿大主要水果的等级分类如下:苹果分为特优级、优级、商业级、雹损级、商业烹饪级、去皮级和去皮 2 级;越橘的等级只有一种,即一级;香瓜的等级也只有一种,即一级。加拿大制定的食品品质标准极为细致、全面,可操作性强。

(2)农药及添加剂残留限量标准

①农药残留限量标准。联邦政府中有两个部门——卫生部和农业部,负责管理如何在农业生产中安全使用杀虫剂。

卫生部有害生物管理局(The Pest Management Regulatory Agency under Health Canada,PMRA)依据《有害物控制产品法》的规定,负责有害物控制产品的登记和管理工作,还根据《食品药品条例》负责管理食品生产中的化学药品的使用。根据《食品药品条例》,有害生物管理局针对食品中使用化学药品的问题制定了最大残留限量标准。

农业部食品检验署则负责制定合理的取样、测试和进口政策以及实施具体检验工作,以确保进口商与国内产业界严格遵守最大残留限量标准。

②添加剂的使用及残留限量标准。加拿大对食品添加剂的使用也做了严格的限制:只有列入官方食品添加剂目录的物质才允许作为食品添加剂销售、使用;

任何人不准将目录外的物质作为食品添加剂销售，或销售含有以该物质作为添加剂的食品。

（3）农产品包装及标识规定

①农产品包装规定。为保证农产品质量在运输、销售过程中不受影响，加拿大对农产品包装的方法和容器普遍做了规定。例如，在《水果蔬菜条例》中规定水果、蔬菜采用容器的正确包装要求是：包装采用的方式能确保水果、蔬菜在装卸、运输过程中不被损害；容器中水果、蔬菜的净含量不少于标签数量；用于包装水果、蔬菜的容器无污染、清洁、不变形、无破损或没有其他可能影响包装农产品运输质量、销售的损坏。

此外，加拿大还根据农产品的具体特点，对一些装农产品的容器提出了具体要求。例如，如果用于装甜玉米的容器是袋子，则必须有网眼，并且要求是新的、清洁无污的；装马铃薯、洋葱的容器同样要求是新的、清洁无污的。

②农产品标签、标识规定。加拿大在《消费者包装标签法》《消费者包装标签条例》以及其他法规中，都对产品（包括农产品）的标记和标签做了明确的规定。原则上，对产品的标签有 3 项要求——标签上必须标明产品的通用名称、数量、生产厂家的名称和地点，但具体到各种产品又有不同的具体要求。

（4）生产技术规范

①饲养标准规范。为促进畜牧业的健康发展，加拿大政府和畜牧业界制定了规范家畜和家禽生产、销售、运输和加工的实践规范——《饲养实践推荐规范》。

②牲畜屠宰加工厂标准。加拿大规定，只有在注册的屠宰加工厂生产加工的肉类产品才允许销售、进口或出口。在加拿大《肉类检查条例》中，对注册屠宰加工厂的有关标准做了详细规定，只有符合具体要求，才能申请成为注册屠宰加工厂。

（5）转基因食品规定

对转基因食品的管理，主要由加拿大卫生部负责。对植物安全的管理则由农业部食品检验署负责。

卫生部负责制定管理转基因食品的法规和标签规定，其下属的卫生保健局（Health Protection Branch）在食品检验署的领导下行使权力。卫生保健局根据《新食品管理条例》（1995 年制定，1998 年修订）和《新食品安全评价准则》（1994 年制定）的规定，对生物技术食品进行管理。

（6）食品进出口规定

加拿大《新鲜水果蔬菜条例》对新鲜水果、蔬菜的等级以及每种等级的具体标准做了详细的规定，制定了食用新鲜水果、蔬菜的健康安全要求。同时，该条例对新鲜水果、蔬菜的包装和标签做了原则性规定，并明确了许多主要水果、蔬菜品种的具体详细的包装和标签要求。特别是该条例对进口新鲜水果、蔬菜的等级、卫生安全、包装和标签等方面做了更为细致、严格的规定，只有在以上各方面都达到规定要求的新鲜水果、蔬菜才允许进入加拿大市场。

加拿大《肉类检验法》规定，只有符合以下条件的肉类产品才能进口。首先，出口肉类产品的生产国或加工国必须有完善的且被加拿大农业部认可的肉类检验制度；其次，生产加工出口肉类产品的屠宰加工厂必须获得加拿大农业部的书面许可，且须在许可有效期内；再次，向加拿大出口的肉类产品必须达到加拿大规定的进口肉类产品标准；最后，向加拿大出口的肉类产品的包装和标签必须符合规定要求。

另外，肉类产品进口后应立即交付检验人员进行检验，任何人不得购买不符合上述规定或尚未交付检验的肉类产品。食品检验署指定的检验人员可进入除居住场所外（经有关部门批准后亦可）的任何地方，对其认为可能不符合本法规定的肉类产品（包括进口产品）进行现场检查、拆包和取样，并有权扣留任何违反《肉类检验法》规定的肉类产品。

除了要求进口食品符合品质等级标准、包装及标签要求、卫生安全规定、动植物检疫要求外，加拿大对某些食品的进口还规定了一些特别的要求。

3.2.5 澳大利亚的食品标准

1. 澳大利亚的食品管理体系

澳大利亚联邦政府中负责食品的部门主要有 2 个：卫生和老年关怀部下属的澳大利亚新西兰食品管理局（ANZFA），农业、渔业和林业部下属的澳大利亚检疫检验局（AQIS）。

2. 澳大利亚对食品卫生的严格监管

20 世纪 90 年代澳大利亚正式组建食品监管机构，颁布《澳大利亚食品安全条例》等相关法规，开始了对食品卫生的严格监管。

澳大利亚对食品卫生的监管是覆盖整个行业链条的，从初级农产品、食品生产加工到销售全过程都严格执行相关标准。在运输、贮存、销售的每个环节都实行标准化管理，全方位保障"从田间到嘴边"的安全。

在澳大利亚首都地区政府健康指导委员会制作的《食品安全指南》手册中，

印有如下规定和指导建议：食品加工、贮存场所不能有损坏，不仅仅是冰箱、操作台，还要求墙壁、地板和天花板不得有破损，出现洞和裂缝需要立刻修补；在任何情况下，绝对禁止对任何食品吹气，禁止先用嘴吹开包装袋再把食品装进去等。

澳大利亚的食品标准和许多国家一样，既有强制性标准，又有推荐性标准。

3. 澳大利亚新西兰食品标准规则

澳大利亚政府和新西兰政府共同制定了《澳大利亚新西兰食品标准规则》，规定了本地生产食品和进口食品都要遵守的一些标准。该食品标准规则中列出了食品描述标准、成分含量标准以及营养表，规定了金属和有害物质的最高含量、农业及兽医所用的化学物质的最高含量等标准。

（1）澳大利亚对进口食品包装标签的要求

澳大利亚对进口食品包装标签要求标明下列内容：食品的名称、生产公司名称和地址、批号、原产地、日期标识、重量和尺寸要求、成分要求、营养表等。

（2）免除特例

有些食品不用在标签上标明成分，包括：食品包装外表面积小于$100cm^2$的；食品名称已经标明食品中所含的所有成分的；不是直接卖给消费者的；装在密封瓶子内的酒精饮料等不需要成分标签的。

（3）食品包装标签的印刷

食品标签要用英文书写，清楚易懂，不能褪色，令消费者容易看到，字号不能小于1.5mm，使用字体大小统一，字体与背景明显区分。

（4）食品包装禁止使用内容

食品包装禁止宣称有治疗和预防疾病的功效；禁止使用可以导致消费者误解为其有医疗作用的文字、注释、声明或设计；禁止使用任何疾病和生理状况的名称或说明；禁止宣称、注释减肥食品或有减轻体重的功效；禁止将分析证书的任何部分使用在标签上。

（5）食品包装文字表达

食品包装禁止使用"纯的""纯天然""有机的""低酒精含量""不含酒精""健康""含丰富维生素"等文字表述。

（6）食品包装图片和设计

有关食物的图片和设计可以用于标签上，以显示该食品的特征和烹饪方法，但必须伴有"食谱""烹饪建议"等字样。

（7）特殊食品的要求

澳大利亚对特殊食品上的标签有特殊规定：节食食品应该在标签上标注"节食食品"字样，同时附上配方；已经改变了碳水化合物结构的食品，应该标注"碳水化合物结构改变"字样，并附上碳水化合物成分表；对于酒精饮料，必须标明20℃下的酒精浓度；乳制品应在标签上标明"应冷藏"字样；对于含有的特殊物质应标明，如"人造增甜食物""含有咖啡因"等。

（8）澳大利亚检疫检验局对进口食品标签检查的注意内容

①准确的商品描述。②生产商和进口商的详细情况。③是否注明了原产国。④标签是否用英文。⑤批号和使用日期是否注明。⑥净重是否注明，成分是否注明。

（9）澳大利亚进口食品检验费用

澳大利亚进口食品检验的基本手续费为36澳元，每半小时的检验费为68澳元，还有数百元的分析费用。如果出口商在出口之前与当地的质量检疫部门联系，获得相应的证书来证明其货物符合澳大利亚标准，则可以节省相应的检验费用。

出口商还可以采用"质量保证"的方式，由出口国的质量检疫机构证明其生产程序符合标准。采取这种方式时，澳大利亚检疫检验局要评估出口国的质量检疫机构提供的材料。

4. 澳大利亚的进口食品管理

所有进口澳大利亚的食品必须遵守进口食品计划(The Imported Foods Program，IFP)，其目的在于保证进口澳大利亚的食品符合澳大利亚的食品法律。根据有关的谅解备忘录，由澳大利亚新西兰食品管理局负责制定进口食品的政策，具体的执行由澳大利亚检疫检验局负责。根据 IFP 的要求，进口澳大利亚的食品必须首先符合有关的检疫（动植物卫生）要求，同时也必须满足《进口食品管理法》中有关食品安全方面的规定。

（1）检疫

澳大利亚对进口动植物，包括新鲜和部分加工的食品，实行严格的检疫措施，要求对某些进口食品进行不同的处理，如熏蒸消毒等，同时要求附有进口许可证和原产国有关机构出口证书的证明。这些食品主要有：鸡肉、猪肉、牛肉（特别是当来自口蹄疫为地方性疾病的国家时）、蛋和蛋制品、热带水果和蔬菜、乳制品、大马哈鱼和牡蛎等。

（2）食品安全

进口澳大利亚的食品必须符合 FSC 的规定。

①进口食品风险评估根据《进口食品管理法》的规定，澳大利亚新西兰食品

管理局负责按照评估的风险对进口食品进行分类,并且定期进行全面审核。

②进口食品检验根据《进口食品管理法》的规定,澳大利亚检疫检验局负责对进口食品实施监控。具体的监控根据下列类别进行:风险类别食品;主动监督类别食品;随机监督类别食品。

5. 澳大利亚的出口食品管理

为了保证出口食品的质量,澳大利亚制定了一系列的法律法令,主要包括《出口管理法》《规定货物一般法令》《出口肉类法令》《野味、家禽和兔肉法令》《加工食品出口管理法令》《新鲜水果和蔬菜 出口管理法令》《动物 出口管理法令》《有机产品认证 出口管理法令》《谷物、植物和植物产品 出口管理法令》等。此外,根据《出口管理法》的规定,澳大利亚检疫检验局还可以依据《出口管理法》制定相关的法令和命令。

澳大利亚检疫检验局已推广 HACCP 管理体系,以确保出口食品和农产品的卫生质量,已经建立 HACCP 体系的食品类别有:肉、乳制品、鱼、加工水果和蔬菜、干果等。

澳大利亚的出口食品分为两类:"规定"食品与"非规定"食品。"非规定"食品出口无须得到出口许可证,而大多数"规定"食品未经澳大利亚检疫检验局检验不得出口。"规定"食品主要包括肉(野味、家禽、兔肉)、乳制品、鱼(鳄鱼)、蛋及蛋制品、干果、绿豆、谷物、加工水果和蔬菜、新鲜水果和蔬菜等,它们必须符合《规定货物一般法令》和相应商品出口法令的规定,如《出口肉类法令》等。

3.3　SPS 协议和 TBT 协议

20 世纪 60 年代以来,随着经济全球化浪潮的兴起和贸易自由化的快速发展,关税税率越来越低,传统的非关税壁垒也在逐步减少,与此同时,经济贸易与生态环境和可持续发展的矛盾日益突出,各国纷纷采取技术性贸易措施。

1969 年,欧共体(已废止,其地位和职权由欧盟承接)制定了《消除商品贸易中技术性壁垒的一般性纲领》。为防止欧共体内部统一的技术标准给欧共体成员国以外的国家造成新的贸易障碍,在美国、日本、加拿大等国的倡议下,1970 年,关税及贸易总协定(GATT,简称关贸总协定)组织(世界贸易组织的前身)成立了制定标准和质量认证方面政策的专门工作小组。该工作小组经反复讨论、协商，敲定了技术法规、标准和合格评定程序的规则，于 1979 年 4 月达成一致并签署了《关贸总协定贸易技术壁垒协议》（GATT/TBT 协议），自 1980 年 1 月 1 日起正式实施。

此后在"乌拉圭回合"谈判中，《世界贸易组织贸易技术壁垒协议》（WTO/TBT）文本于 1994 年形成，同时为解决农畜产品贸易中的检疫矛盾，在此谈判中还达成了《实施动植物卫生检疫措施的协议》（WTO/SPS 协议），它们均于 1995 年 1 月 1 日世界贸易组织正式成立起开始执行。世界贸易组织关于技术性贸易壁垒的这两个文件成为世贸协议不可分割的组成部分。

3.3.1　WTO/TBT 协议

1. TBT 协议概述

WTO/TBT 协议（以下简称 TBT 协议）是世界贸易组织管辖的一项多边贸易协议，于 1995 年 1 月 1 日开始执行。该协议是世界贸易组织下设的货物贸易理事会管辖的若干个协议之一，是世贸组织成员专门为处理可能对贸易造成不必要障碍的技术性贸易壁垒问题而达成的一个重要的多边框架协议，专门协调国际贸易中有关技术法规、标准和合格评定程序方面的问题。

TBT 协议涉及贸易的各个领域和环节，包含农产品、食品、机电产品、纺织服装、信息产业家电、化工医药等，包括它们的初级产品、中间产品和制成品，涉及加工、包装、运输和储存等环节，其宗旨是使国际贸易自由化和便利化，在技术法规、标准、合格评定程序以及标签、标识制度等技术要求方面开展国际协调，遏制以带有歧视性的技术要求为主要表现形式的贸易保护主义，最大限度地减少和消除国际贸易中的技术壁垒，为世界经济全球化服务。TBT 协议的产生对于发展国际贸易，防止利用技术法规、标准和合格评定程序（如认证制度）作为贸易保护主义的工具，起到了一定的积极作用，但其也有明显的负面影响。

2. TBT 协议的内容框架及基本原则

（1）内容框架

TBT 协议共分 6 大部分 15 条 129 款和 3 个附件，主要内容包括：制定、采用和实施技术性措施应遵守的规则；技术法规、标准和合格评定程序；通报、评议、咨询和审议制度等。该协议适用于所有产品，包括工业产品和农产品。但政府采购所制定的规则不受该协议约束，涉及动植物卫生检疫措施的则由 SPS 协议规范。

　　TBT 协议主要规范三个方面的内容，即技术法规与标准的制定、采用和实施；标准化机构制定、采用和实施标准的行为；确认并认可符合技术法规与标准的行为。TBT 协议对中央政府机构、地方政府机构、非政府机构在制定、采用和实施技术法规、标准或合格评定程序方面，分别提出了规定和不同的要求。该协议涵盖了与产品相关的技术法规和标准，并不涉及与服务相关的技术法规和标准，政府机构为生产或消费要求而制定的采购规则也不受此协议的约束，动植物卫生检疫措施也不在其监管范围之内。

　　（2）基本原则

　　TBT 协议为预防各成员在贸易中产生分歧、阻碍国际贸易的正常展开，规定了以下原则。

　　①非歧视性原则。协议要求，各成员在制定和实施技术性措施时给予其他成员产品的待遇不得低于本国类似产品的待遇，也不能在具有类似情况的不同国家之间有歧视性的待遇，并且在接受其他成员咨询时也要非歧视性地对待，不得给国际贸易造成不必要的障碍。

　　②透明度原则。协议规定，各成员要增强其制定与实施相关技术措施的信息透明度，对技术性贸易措施的变动情况应迅速公布，使相关利害关系方知晓；每一个成员均应采取其所能采取的合理措施，保证设立一个或一个以上的咨询点，能够回答其他成员和其他成员中的利害关系方提出的所有合理询问，并提供有关信息文件，从而减少相互间的贸易摩擦与争端。

　　③协调原则。该原则要求，各成员在制定与实施相关技术性措施时应当以国际标准化组织制定的国际标准和原则为依据，还应当积极地参与到国际标准、建议、原则和相关程序的制定与讨论活动中，以消除国家间的差异对贸易造成的障碍。

　　④贸易制度的统一实施原则。协议通过国民待遇和最惠国待遇原则，消除了国与国之间技术贸易措施的差异，同时还要求一国内部制定、实施技术性贸易措施的统一，全面消除因地方差异而带来的实质性贸易壁垒，尤其体现在合格评定程序方面。

　　⑤差别待遇原则。这是发展中成员特有的一项原则，指发展中成员在实施TBT 协议的过程中，应当受到发达成员与世界贸易组织贸易技术壁垒委员会的技术支持与帮助。

3. TBT 协议的基本特征

（1）广泛性

技术壁垒扩展到国际贸易的各个领域，无论是发达国家还是发展中国家，技术性贸易措施从产品的研究、开发、生产、包装到分销的全产业链的各个环节，无处不在。

（2）合法性

技术性贸易壁垒以维护国家安全、保障人类及动植物的生命及健康与安全、保护环境、防止欺诈行为、保证产品质量为诉求，以一系列国际、国内公开立法作为依据和基础，具有合理性与合法性。

（3）隐蔽性

与传统的非关税壁垒措施，如进口数量与配额等相比，技术性贸易壁垒具有更多的隐蔽性。首先，它不像配额和许可证管理措施那样明显地带有分配上的不合理性和歧视性，不容易引起贸易摩擦；其次，建立在现代科学技术基础上的各种检验标准不仅极为严格，而且烦琐、复杂，使出口国难以应付和适应。

（4）形式的复杂灵活性

由于科技的进步和管理的改进，各国所制定的标准愈加精细，同时一些发达国家为限制外国商品进口，在技术规定和标准设计上不断变化，一些技术标准涉及面很广，令其他国家难以把握，很难全面顾及，在具体实施和操作时很容易被发达国家用来对进口产品加以抵制。

（5）争议性

各国的工业化程度和技术发展水平存在较大差异，因而各国制定的技术法规和标准也不尽相同，不同国家站在不同角度有不同的评定标准，在对外贸易中各国都坚持自己的技术标准和法规，国与国之间较难协调，容易引起争议。

4. TBT 协议对我国的影响

TBT 协议以技术为前提，是通过技术手段，如技术标准、技术规程、技术限制等形式体现，且采用了较高级（或有别于其他）的技术要求，可以促进我国科技进步和实施可持续发展战略，但它同时也是对我国国际贸易发展设置的一种非关税壁垒。

中国是世界第一货物贸易大国，一些国家违反 TBT 协议的非歧视性原则和国民待遇原则，制定了一些专门针对我国出口的歧视性技术标准，种类繁多，因其具有很大的隐蔽性、复杂性、强制性，且一般都具有合法性，故难以应对。如美国和欧盟为限制我国纺织品出口，调整了原产地规则，很容易就达到了限制进口的目的。

技术性贸易措施对出口贸易的负面影响主要体现在致使我国出口贸易经济损失严重、出口企业成本增加以及产品竞争力降低等方面。技术性贸易措施对出口贸易的负面影响还体现在导致贸易障碍、引发贸易争端；导致国内供应平衡及经济不稳定、降低国家和消费者的福利水平、损害发展中国家的利益等。

各级政府和出口企业要重视和加强我国在世界贸易组织中的 TBT 相关工作、积极参与国际标准化组织等标准制定机构的相关活动，实现从规则遵守者向规则制定者的转变，同时遵循世界贸易规则要求进行相关国内各项制度的建设，依法积极做好技术壁垒交涉工作。

3.3.2　WTO/SPS 协议

1. SPS 协议的产生背景

《实施动植物卫生检疫措施的协议》（WTO/SPS 协议，简称 SPS 协议）是世界贸易组织涉及人类、动植物健康和安全的国际贸易的一项国际多边协议，是"乌拉圭回合"的重要成果。

在 SPS 协议出现之前，随着国际贸易的发展和贸易自由化程度的提高，各国实行的动植物卫生检疫措施制度对贸易的影响越来越大，特别是某些国家为保护本国动植物产品市场，利用各种非关税措施来阻止国外动植物产品入内，其中动植物卫生检疫措施就是一种隐蔽性很强的 TBT 协议。许多进口的农产品，特别是植物、鲜果、蔬菜、肉类、肉制品和其他食品，必须要满足关贸总协定各缔约方的动植物卫生规定及产品标准。如果这些产品不符合有关产品检验检疫的规定和要求，各国就禁止或限制其进口。1980 年开始生效的关贸总协定的《技术性贸易壁垒协议》，对动植物产品的标准及制定标准的合格评定程序制定了规则，但对具体的动植物的检验检疫措施的要求不具体，约束力不够，难以适应动植物卫生检疫措施技术的复杂性、区域的差异性和国别的特殊性，满足不了国际动植物产品和食品贸易不断增加的需要。

为了解决农畜产品贸易中的检疫矛盾，在"乌拉圭回合"谈判中达成了 SPS 协议。SPS 协议成为食品和农产品贸易中唯一合法的非关税贸易措施，在各成员制定和实施动植物卫生检疫措施方面，提出了比 TBT 协议更为具体和严格的要求，在世界贸易组织争端解决中具有仲裁作用。

2. SPS 协议的宗旨

SPS 协议的宗旨是保护人类、动植物的生命或健康，促进国际贸易自由化和便利化。SPS 协议在前言中指出，协议是为了保护人类、动植物的生命、健康和安全，制定动植物产品及食品的检疫要求，实施动植物卫生检疫制度是每个成员的权利，但是这种权利是以动植物卫生检疫措施不对贸易造成不必要的障碍为前提的，各成员在制定动植物卫生检疫措施时要把对贸易的影响降低到最低程度，且不得对国际贸易造成变相的限制。

作为世界贸易组织一揽子协议的组成部分，SPS 协议也体现了世界贸易组织的非歧视性原则、透明度原则、协调原则等基本原则。

3. SPS 协议的主要内容

SPS 协议由前言、正文（共 14 个条款）及 3 个附件组成，涵盖动物卫生、植物卫生和食品安全三个领域，具体内容包括：各成员方在实施动植物卫生检疫措施方面的权利和义务，各成员方之间采取有关措施的协调，风险评估制度的建立和适当的动植物卫生检疫保护水平的确定，适应地区条件包括适应病虫害非疫区和低度流行区的条件，透明度，对发展中国家成员方的特殊和差别待遇，管理机构及争端解决等。SPS 协议的 3 个附件是：附件 A，定义；附件 B，动植物卫生检疫法规的透明度；附件 C，控制、检查和批准程序。

根据 SPS 协议第 1 条的规定，该协议适用于所有可能直接或间接影响国际贸易的 SPS 措施。SPS 措施包括所有相关法律、法令、法规、要求和程序。

（1）各成员方在实施动植物卫生检疫措施方面的基本权利与义务

SPS 协议第 2 条规定，各成员方有权采取必要的动植物卫生检疫措施，其目的是保护本国的人类、动植物的卫生和健康。同时，各成员方在采取这些措施的时候，应履行以下义务：①确保任何动植物卫生检疫措施的实施都以科学原理为依据，并且仅在保护人类、动物或植物生命及健康所必需的限度内实施。②世界贸易组织成员实施 SPS 措施时要遵守非歧视性原则，不应在具有相同或相似情形的两个成员间采取任意的或毫无根据的歧视性措施。③根据 SPS 协议第 4 条的规定，各成员方应平等地接受其他成员方的动植物卫生检疫措施。

（2）SPS 措施的协调

SPS 协议强调，各成员的 SPS 措施应以国际标准、准则和建议为依据，鼓励所有成员在制定 SPS 措施时采用国际标准、准则和建议，并认定了食品法典委员会、国际兽疫局（OIE）和国际植物保护公约（IPPC）三个国际组织的标准为各成员方制定 SPS 措施时所应采用的国际标准。SPS 协议第 3 条规定，各成员方应努力协调各国的 SPS 措施与有关的国际标准之间的关系，尽可能将自己的 SPS 措施建立在现行的国际标准、指南或建议的基础上。

（3）等效原则

如出口成员客观地向进口成员证明其 SPS 措施达到进口成员适当的动植物卫生检疫保护水平，则各成员应将其他成员的措施作为等效措施予以接受，即使这些措施不同于进口成员自己的措施，或不同于从事相同产品贸易的其他成员使用的措施。

（4）风险评估和保护水平的确定

各成员方必须根据对有关实际风险的评估制定 SPS 措施。风险评估（PRA 分析）是就某项产品是否会对人类、动植物生命及健康造成危险进行适当评估，以确定是否有必要采取相应的卫生措施。风险评估强调适当的动植物卫生检疫保护水平，并应考虑对贸易不利影响减少到最低程度这一目标。在进行风险评估的基础上，成员方可以进一步确定为防止对人类、动植物生命或健康造成危险而需采取的措施。该措施的确定和实施应限于适当的保护水平上：保护水平过高，会对产品的进口形成阻碍；保护水平过低，又达不到保护人类与动植物生命和健康的目的。SPS 协议第 5 条对各成员方在确定适当保护水平时考虑的因素有相关规定。

（5）适应病虫害非疫区和低度流行区的条件

SPS 协议规定，病虫害非疫区是由主管机关确认的未发生特定虫害或病害的地区，病虫害低度流行区是指由主管机关确认的特定虫害或病害发生水平低且已采取有效监测、控制或根除措施的地区。两者都可以是一国的全部或部分地区，也可以是几个国家的全部或部分地区。SPS 协议第 6 条规定了适应地区条件，包括适应病虫害非疫区和低度流行区的条件。

该协议要求，缔约方承认有害生物非疫区和低度流行区，在评估某地区的疫情时，应重点考虑有害生物的流行程度，是否采取了控制或扑灭措施，以及有无有关国际组织标准或准则。

（6）透明度

SPS 协议第 7 条规定，各成员方制定、实施的 SPS 措施应具有透明度，应按协议的规定通报其 SPS 措施的变动情况及有关信息。SPS 协议附件 B 具体规定了各成员方为保证其措施的透明度应遵守的规则和程序。

（7）控制、检验与批准程序

SPS 协议第 8 条及附件 C 中规定了各成员方在实施动植物卫生检疫措施的过程中，应遵循的控制、检验与批准的规则。

（8）对发展中国家成员方的特殊待遇

SPS 协议第 9 条、第 10 条规定了各成员方在制定和实施动植物卫生检疫措施时，应当考虑发展中国家成员方的特殊需要，特别是最不发达国家的需要，应当给予这些国家必要的技术援助和特殊待遇。最不发达国家可以推迟 5 年实施影响其进出口的 SPS 协议的各项规定；发展中国家在缺乏有关专门技术、资料的情况下，可以推迟 2 年实施协议的各项规定。

（9）管理机构与争端解决

①管理机构。SPS 协议第 12 条规定，特设立 SPS 措施委员会，为磋商提供经常性场所。委员会应履行为实施本协议规定并促进其目标实现所必需的职能，特别是关于协调的目标。委员会应经协商一致做出决定。

②争端解决。SPS 协议第 11 条规定，各成员方之间有关 SPS 协议措施的争端解决适用"关于争端解决规则与程序的谅解"。

4. SPS 协议对国际贸易的影响

SPS 协议与国际贸易之间的关系是一种既相互制约又相互促进的复杂关系。SPS 协议对国际贸易的影响主要体现在以下几方面。

（1）农产品贸易方面

SPS 协议减少了对农产品的不合理贸易壁垒，减少了销售到某一特定市场的条件的不确定性。许多进口食品、动植物产品的加工商和商业使用者也将从 SPS 协议的确定性中受益。

（2）社会效益方面

消费者会因该协议的实施而受益。SPS 协议有助于保证并加强食品安全，减少武断的、不合理决定的机会。消费者会从中获得更多商品信息，获得更多安全食品的选择机会，从商品良性的健康竞争中受益。

（3）可能引起国际贸易纠纷

由于贸易双方采用的检疫方法不一致，SPS 措施可能会引起国际贸易纠纷。

这时 SPS 措施就成了一种非关税壁垒。因为这种壁垒的隐蔽性、易变性、多样性，使其更难以协调。尽管世界贸易组织一直在号召使用国际标准，但鉴于 SPS 措施涉及产品之广、技术措施之复杂，国际上很难制定出统一的标准。

由于 SPS 措施能使各国以保护本国国民的理由合理合法地对国际贸易施加影响，使得 SPS 措施由最初的生命与健康安全保护措施而逐渐异化为各国普遍采用的贸易保护手段，并成为当今国际贸易中最盛行的一种技术性壁垒。

4　我国食品生产经营许可与认证

我国对食品生产经营实行许可制度。《中华人民共和国行政许可法》（2019年4月23日起施行，以下简称《行政许可法》）第12条规定：直接涉及国家安全、公共安全、经济宏观调控、生态环境保护以及直接关系人身健康、生命财产安全等特定活动，需要按照法定条件予以批准的事项，可以设定行政许可。食品生产经营直接关系到人身健康和生命财产安全,对其实行行政许可制度是必要的。本章首先介绍了食品生产经营许可，接着介绍了食品监管与认证。

4.1　食品生产经营许可

食品生产经营许可是指市场监管部门根据生产经营者的申请，审核申请人提交的有关资料，必要时对申请人的生产经营场所进行现场核查，依法准许其从事食品生产经营活动的行政行为。从事食品生产、食品销售、餐饮服务，应当依法取得许可。

《食品安全法》（2018年12月29日起施行）第36条规定：食品生产加工小作坊和食品摊贩等从事食品生产经营活动，应当符合本法规定的与其生产经营规模、条件相适应的食品安全要求，保证所生产经营的食品卫生、无毒、无害，食品安全监督管理部门应当对其加强监督管理。县级以上地方人民政府应当对食品生产加工小作坊、食品摊贩等进行综合治理，加强服务和统一规划，改善其生产经营环境，鼓励和支持其改进生产经营条件，进入集中交易市场、店铺等固定场所经营，或者在指定的临时经营区域、时段经营。食品生产加工小作坊和食品摊贩等的具体管理办法由省（自治区、直辖市）制定。

为规范食品、食品添加剂生产许可活动，加强食品生产监督管理，保障食品安全，根据《行政许可法》《食品安全法》《食品安全法实施条例》等法律法规，《食品生产许可管理办法》出台。按照《食品安全法》的规定，我国的食品安全控制由市场监管部门负责对食品生产环节、食品流通环节和餐饮服务环节的监管，并实行相应的许可制度。

我国食品生产经营许可分为食品生产许可和食品经营许可。

4.1.1   食品生产许可证

为了保障食品安全，加强食品生产监管，规范食品生产许可活动，根据《食品安全法》和其实施条例以及产品质量、生产许可等法律法规的规定，中华人民共和国国家质量监督检验检疫总局（简称国家质检总局，现已整合）制定《食品生产许可管理办法》，自 2010 年 6 月 1 日起施行。2015 年，为适应新版《食品安全法》需要，《食品生产许可管理办法》进行了修订，并且根据 2017 年 11 月7 日国家质检总局局务会议《关于修改部分规章的决定》又进行了修正。

新版《食品生产许可管理办法》于 2019 年 12 月 23 日经国家市场监督管理总局 2019 年第 18 次局务会议审议通过并予以公布，自 2020 年 3 月 1 日起施行。国家食品药品监督管理总局（现已整合）2015 年公布（2017 年修正）的《食品生产许可管理办法》同时废止。新《食品生产许可管理办法》规定，对食品生产实施分类许可，同时，监督管理的部门，由食品药品监督管理部门改为市场监督管理部门。

现行的《食品安全法》第 35 条规定：国家对食品生产经营实行许可制度。从事食品生产、食品销售、餐饮服务，应当依法取得许可。但是，销售食用农产品和仅销售预包装食品的，不需要取得许可。仅销售预包装食品的，应当报所在地县级以上地方人民政府食品安全监督管理部门备案。县级以上地方人民政府食品安全监督管理部门应当依照《行政许可法》的规定，审核申请人提交的本法第33 条第 1 款第 1 项至第 4 项规定要求的相关资料，必要时对申请人的生产经营场所进行现场核查；对符合规定条件的，准予许可；对不符合规定条件的，不予许可并书面说明理由。

食品生产许可制度是工业产品许可制度的一个组成部分，是为保证食品的质量安全，由国家主管食品生产领域质量监督工作的行政部门制定并实施的一项旨在控制食品生产加工企业生产条件的监控制度。食品生产许可制度也是食品质量安全市场准入制度的重要内容之一，具备规定条件的生产者才允许进行食品生产经营活动，具备规定条件的食品才允许生产销售。

许可机关按照程序规定的有关条件和要求，受理已经设立的企业从事食品生产的许可申请，并根据申请材料审查和现场审查情况决定是否准予许可以及确定食品生产许可的品种范围，颁发《食品生产许可证》。

《食品生产许可证》的发证日期为许可决定做出的日期，有效期为 5 年。食品生产者需要延续依法取得的食品生产许可的有效期的，应当在该食品生产许可有效期届满 30 个工作日前，向原发证的市场监督管理部门提出申请。

有下列情形之一，食品生产者未按规定申请办理注销手续的，原发证的市场监督管理部门应当依法办理食品生产许可注销手续：

①食品生产许可有效期届满未申请延续的。

②食品生产者主体资格依法终止的。

③食品生产许可依法被撤回、撤销或者《食品生产许可证》依法被吊销的。

④因不可抗力导致食品生产许可事项无法实施的。

⑤法律法规规定的应当注销食品生产许可的其他情形。

《食品生产许可证》编号由 SC 和 14 位阿拉伯数字组成，数字从左至右依次为：3 位食品类别编码、2 位省（自治区、直辖市）代码、2 位市（地）代码、2 位县（区）代码、4 位顺序码、1 位校验码。

4.1.2　食品经营许可证

2015 年 8 月 31 日，国家食品药品监督管理总局公布《食品经营许可管理办法》，该办法自 2015 年 10 月 1 日起施行，后又根据 2017 年 11 月 7 日国家质检总局局务会议《关于修改部分规章的决定》进行了修正。

《食品经营许可管理办法》根据《食品安全法》《行政许可法》等法律法规制定，规范了食品经营许可活动，加强了食品经营监督管理，以保障食品安全。《食品经营许可管理办法》规定，在中华人民共和国境内，从事食品销售和餐饮服务活动，应当依法取得食品经营许可。食品经营许可的申请、受理、审查、决定及其监督检查均适用本办法。市场监督管理部门按照食品经营主体业态和经营项目的风险程度对食品经营实施分类许可，国家市场监督管理总局负责监督指导全国食品经营许可管理工作，并负责制定食品经营许可审查通则。

申请食品经营许可，应当先行取得营业执照等合法主体资格，并按照食品经营主体业态和经营项目分类提出。此外，申请主体应符合下列条件。

①具有与经营的食品品种、数量相适应的食品原料处理和食品加工、销售、贮存等场所，保持该场所环境整洁，并与有毒、有害场所以及其他污染源保持规定的距离。

②具有与经营的食品品种、数量相适应的经营设备或者设施，有相应的消毒、

更衣、盥洗、采光、照明、通风、防腐、防尘、防蝇、防鼠、防虫、洗涤以及处理废水、存放垃圾和废弃物的设备或者设施。

③有专职或者兼职的食品安全管理人员和保证食品安全的规章制度。

④具有合理的设备布局和工艺流程,防止待加工食品与直接入口食品、原料与成品交叉污染,避免食品接触有毒物、不洁物。

⑤符合法律、法规规定的其他条件。

符合条件后,申请人应向所在地县级以上地方市场监督管理部门提交相关材料,市场监督管理部门对申请人提出的食品经营许可申请做出相应处理,对申请材料齐全、符合法定形式的,受理食品经营许可申请。

市场监督管理部门对申请人提交的申请进行申请材料的审查和现场核查,对符合条件的做出准予经营许可的决定,并向申请人颁发《食品经营许可证》。《食品经营许可证》发证日期为做出许可决定的日期,有效期为 5 年。食品经营者需要延续依法取得的食品经营许可的有效期的,应当在该食品经营许可有效期届满30 个工作日前,向原发证的市场监督管理部门提出申请。

《食品经营许可证》分为正本、副本。正本、副本具有同等法律效力。《食品经营许可证》应当载明经营者名称、社会信用代码(个体经营者为身份证号码)、法定代表人(负责人)、住所、经营场所、主体业态、经营项目、许可证编号、有效期、日常监督管理机构、日常监督管理人员、投诉举报电话、发证机关、签发人、发证日期和二维码。

《食品经营许可证》的编号由 JY 和 14 位阿拉伯数字组成,数字从左至右依次为:1 位主体业态代码、2 位省(自治区、直辖市)代码、2 位市(地)代码、2 位县(区)代码、6 位顺序码、1 位校验码。

食品经营者应当妥善保管《食品经营许可证》,不得伪造、涂改、倒卖、出租、出借、转让。同时,食品经营者应当在经营场所的显著位置悬挂或者摆放《食品经营许可证》正本。

2021 年 4 月 29 日,《食品安全法》进行了修正,规定仅从事预包装食品经营的不再办理经营许可,仅需办理备案即可。

4.1.3 餐饮服务许可证

餐饮服务许可制度是我国食品行业许可制度的一个组成部分,是为保证餐饮服务企业所提供的食品的质量安全,由市场监督管理总局制定并实施的一项旨在控制餐饮服务企业生产、服务条件的监控制度。《餐饮服务许可证》是市场监督管理总局依据《食品安全法》《餐饮服务许可管理办法》的要求，对餐饮服务行业实施有效监管的重要举措。通过实施餐饮服务许可制度，可以有效规范餐饮服务，提高餐饮服务企业硬件服务设施，并建立健全企业食品安全各项规章制度，从而向消费者提供更加安全的食物。

1.《餐饮服务许可证》的管理机构及许可范围

2005 年 12 月，中华人民共和国卫生部（以下简称卫生部）发布《食品卫生许可证管理办法》（自 2006 年 6 月 1 日起实施），规定餐饮服务企业必须办理卫生许可证，其监管工作由卫生部负责，各地卫生监督所具体实施。2010 年 2 月 8 日发布，自 2010 年 5 月 1 日开始实施《餐饮服务许可管理办法》及《餐饮服务食品安全监督管理办法》，《食品卫生许可证管理办法》废止。同时，按照《餐饮服务许可管理办法》的要求，餐饮服务企业的监督管理工作转由国家市场监督管理总局负责，地方各级市场监督管理部门负责本行政区域内的餐饮服务许可管理工作。

《餐饮服务许可证》是我国加强餐饮行业食品安全监管的重要举措。《餐饮服务许可证》是我国针对餐饮行业食品安全的保障性措施，较之前的《食品卫生许可证》更加富有针对性，充分体现了我国食品安全实施分类管理的主导思想。针对我国地域广阔、人口众多、餐饮服务类型多样的特点，国家食品药品监督管理局在《关于做好＜餐饮服务许可证＞启用及发放工作的通知》中，已将餐饮服务的许可范围进行了详细分类，分类方式如下。

（1）餐馆

餐馆（含酒家、酒楼、酒店、饭庄等）是指以饭菜（包括中餐、西餐、日餐、韩餐等）为主要经营项目的单位，包括火锅店、烧烤店等。

特大型餐馆是指经营场所使用面积在 3000 m² 以上（不含 3000 m²），或者就餐座位数在 1000 座以上（不含 1000 座）的餐馆；大型餐馆是指经营场所使用面积为 500～3000 m²（不含 500 m²，含 3000 m²），或者就餐座位数为 250～1000 座（不含 250 座，含 1000 座）的餐馆；中型餐馆是指经营场所使用面积为 150～500 m²（不含 150 m²，含 500 m²），或者就餐座位数为 75~250 座（不含 75 座，含 250 座）的餐馆；小型餐馆是指经营场所使用面积在 150 m² 以下（含 150 m²），或者就餐座位数在 75 座以下（含 75 座）的餐馆。如面积与就餐座位数分属两类的，餐馆类别以其中规模较大者计。

（2）快餐店

快餐店是指以集中加工配送、当场分餐食用并快速提供就餐服务为主要加工供应形式的单位。

（3）小吃店

小吃店是指以点心、小吃为主要经营项目的单位。

（4）饮品店

饮品店是指以供应酒类、咖啡、茶水或者饮料为主的单位。

（5）食堂

食堂是指设于机关、学校、企事业单位、工地等地点（场所），供内部职工、学生等就餐的单位。

2.《餐饮服务许可证》的申请

从事餐饮服务的单位和个人（以下简称餐饮服务提供者）向市场监督管理部门提出餐饮服务许可申请，需具备以下基本条件。

①具有与制作供应的食品品种、数量相适应的食品原料处理和食品加工、储存等场所，保持该场所环境整洁，并与有毒、有害场所以及其他污染源保持规定的距离。

②具有与制作供应的食品品种、数量相适应的经营设备或者设施，有相应的消毒、更衣、洗手、采光、照明、通风、冷冻冷藏、防尘、防蝇、防鼠、防虫、洗涤以及处理废水、存放垃圾和废弃物的设备或者设施。

③具有经食品安全培训、符合相关条件的食品安全管理人员，以及与本单位实际相适应的保证食品安全的规章制度。

④具有合理的布局和加工流程，防止待加工食品与直接入口食品、原料和成品交叉污染，避免食品接触有毒物、不洁物。

⑤具有国家市场监督管理总局或者省（自治区、直辖市）市场监督管理部门规定的其他条件。

餐饮服务经营者申请《餐饮服务许可证》时需提交以下材料，并保证材料的真实性和完整性：①《餐饮服务许可证》申请书；②名称预先核准证明（已从事其他经营的可提供营业执照复印件）；③餐饮服务经营场所和设备布局、加工流程、卫生设施等示意图；④法定代表人（负责人或者业主）的身份证明（复印件），以及不属于本办法第36条、第37条情形的说明材料；⑤食品安全管理人员符合本办法第9条有关条件的材料；⑥保证食品安全的规章制度；⑦国家市场监督管理总局或者省（自治区、直辖市）市场监督管理部门规定的其他材料。

3.《餐饮服务许可证》的监督管理

《餐饮服务许可管理办法》规定：《餐饮服务许可证》的样式由国家市场监督管理总局统一规定。许可证内容包括单位名称、地址、法定代表人（负责人或者业主）、类别、备注、许可证号、发证机关（加盖公章）、发证日期、有效期限等内容。许可证格式为：省（自治区、直辖市）简称＋餐证字＋4 位年份数＋6 位行政区域代码＋6 位行政区域发证顺序编号。

《餐饮服务许可证》的有效期为 3 年。临时从事餐饮服务活动的，《餐饮服务许可证》的有效期不超过 6 个月。

餐饮服务提供者在取得《餐饮服务许可证》后，应当按照许可范围依法经营并在就餐场所醒目位置悬挂或者摆放《餐饮服务许可证》，不得转让、涂改、出借、倒卖或者出租。

《餐饮服务许可管理办法》还规定：申请人隐瞒有关情况或者提供虚假材料的，市场监督管理部门发现后不予受理或者不予许可，并给予警告，该申请人在1 年内不得再次申请餐饮服务许可。已取得《餐饮服务许可证》的餐饮服务提供者不符合餐饮经营要求的，应当责令立即纠正，并依法予以处理；不再符合餐饮服务许可条件的，应当依法撤销《餐饮服务许可证》。以欺骗、贿赂等不正当手段取得《餐饮服务许可证》的，依法撤销许可，3 年内申请人不得再次申请餐饮服务许可。市场监督管理部门发现餐饮服务提供者违反《食品安全法》规定的，聘用不得从事餐饮服务管理工作的人员从事管理工作的，由原发证部门吊销许可证。申请人被吊销《餐饮服务许可证》的，其直接负责的主管人员自处罚决定作出之日起 5 年内不得从事餐饮服务管理工作。

在《餐饮服务食品安全监督管理办法》第 3 章中，明确了食品安全事故的处理措施：发生食品安全事故时，事发地市场监督管理部门应当在本级人民政府领导下，及时做出反应，采取措施控制事态发展，依法处置，并及时按照有关规定向上级市场监督管理部门报告。

在处理食品安全事故时，县级以上市场监督管理部门按照有关规定开展餐饮服务食品安全事故调查，有权向有关餐饮服务提供者了解与食品安全事故有关的情况，一般会同时要求餐饮服务提供者提供相关资料和样品，并采取以下措施。

①餐饮服务提供者应当制定食品安全事故处置方案，定期检查各项食品安全防范措施的落实情况，及时消除食品安全事故隐患。

②餐饮服务提供者发生食品安全事故，应当立即封存导致或者可能导致食品安全事故的食品及原料、工具及用具、设备设施和现场，在2小时之内向所在地县级人民政府卫生部门和市场监督管理部门报告，并按照相关监管部门的要求采取控制措施。

③市场监督管理部门在履行职责时，有权采取《食品安全法》规定的措施。快速检测结果表明可能不符合食品安全标准及有关要求的，餐饮服务提供者应当根据实际情况采取食品安全保障措施。

4.2 食品监管与认证

4.2.1 无公害农产品的监管与认证

无公害农产品是指产地环境、生产过程和产品质量符合国家有关标准和规范的要求，经认定合格的未经加工或者初加工的食用农产品。无公害农产品在生产过程中允许使用限制用量、限制使用品种、限制使用时间的人工合成但安全的化学农药、兽药、肥料、饲料添加剂等，保证人们对食品质量安全最基本的需要。我国把无公害农产品分为种植业产品、畜牧业产品、渔业产品三个大类。

2001年，中华人民共和国农业部（现已整合）启动了"无公害食品行动计划"，对食用农产品实施"从农田到餐桌"的全过程监管。国家质检总局于2002年4月发布了《无公害农产品管理办法》，鼓励和扶持无公害农产品的发展。2018年4月，中华人民共和国农业农村部办公厅发布《无公害农产品认定暂行办法》，进一步规范了无公害农产品的申报和管理。

1.无公害农产品的认证程序

符合无公害农产品产地条件和生产管理要求的规模生产主体，均可向县级农业农村行政主管部门申请无公害农产品认定。

①申请人应当向产地所在县级农业农村行政主管部门提出申请，并提交以下材料：无公害农产品认定申请书；资质证明文件复印件；生产和管理的质量控制措施，包括组织管理制度、投入品管理制度和生产操作规程；最近一个生产周期

投入品使用记录的复印件；专职内检员的资质证明；保证执行无公害农产品标准和规范的声明。

②县级农业农村行政主管部门应当自收到申请材料之日起 15 个工作日内，完成申请材料的初审。符合要求的，出具初审意见，逐级上报到省级农业农村行政主管部门；不符合要求的，应当书面通知申请人。

③省级农业农村行政主管部门应当自收到申请材料之日起 15 个工作日内，组织有资质的检查员对申请材料进行审查，材料审查符合要求的，在产品生产周期内组织 2 名以上人员完成现场检查（其中至少有 1 名为具有相关专业资质的无公害农产品检查员），同时通过全国无公害农产品管理系统填报申请人及产品有关信息；不符合要求的，书面通知申请人。

④现场检查合格的，省级农业农村行政主管部门应当书面通知申请人，由申请人委托符合相应资质的检测机构对其申请产品和产地环境进行检测；现场检查不合格的，省级农业农村行政主管部门应当退回申请材料并书面说明理由。

⑤检测机构接受申请人委托后，须严格按照抽样规范及时安排抽样，并自产地环境采样之日起 30 个工作日内、产品抽样之日起 20 个工作日内完成检测工作，出具产地环境监测报告和产品检验报告。

⑥省级农业农村行政主管部门应当自收到产地环境监测报告和产品检验报告之日起 10 个工作日完成申请材料审核，并在 20 个工作日内组织专家评审。

⑦省级农业农村行政主管部门应当依据专家评审意见在 5 个工作日内做出是否颁证的决定。同意颁证的，由省级农业农村行政主管部门颁发证书，并发布公告；不同意颁证的，书面通知申请人，并说明理由。省级农业农村行政主管部门应当自颁发《无公害农产品认定证书》之日起 10 个工作日内将其颁发的产品信息通过全国无公害农产品管理系统上报。

⑧《无公害农产品认定证书》有效期为 3 年。期满需要继续使用的，应当在有效期届满 3 个月前提出复查换证书面申请。在证书有效期内，当生产单位名称等发生变化时，应当向省级农业农村行政主管部门申请办理变更手续。

2. 无公害农产品的管理

中华人民共和国农业农村部（以下简称农业农村部）负责全国无公害农产品的发展规划、政策制定、标准制修订及相关规范制定等工作。中国绿色食品发展中心负责协调指导地方无公害农产品认定相关工作。各省（自治区、直辖市）和计划单列市农业农村行政主管部门负责本辖区内无公害农产品的认定审核、专家评审、颁发证书及证后监督管理等工作。县级农业农村行政主管部门负责受理无公害农产品认定的申请。县级以上农业农村行政主管部门依法对无公害农产品及无公害农产品标志进行监督管理。

（1）产地条件与生产管理

①无公害农产品产地应符合下列条件：产地环境条件符合无公害农产品产地环境的标准要求；区域范围明确；具备一定的生产规模。

②无公害农产品的生产管理应符合下列条件：生产过程符合无公害农产品质量安全控制规范标准要求；有专业的生产和质量管理人员，至少有1名专职内检员负责无公害农产品生产和质量安全管理；有组织无公害农产品生产、管理的质量控制措施；有完整的生产和销售记录档案。

③从事无公害农产品生产的单位，应严格按国家相关规定使用农业投入品。禁止使用国家禁用、淘汰的农业投入品。

（2）标志管理

获得《无公害农产品认定证书》的单位（以下简称获证单位），可以在证书规定的产品及其包装、标签、说明书上印制或加施无公害农产品标志；可以在证书规定的产品的广告宣传、展览展销等市场营销活动中、媒体介质上使用无公害农产品标志。无公害农产品标志应当在证书核定的品种、数量范围内使用，不得超范围和逾期使用。获证单位应当规范使用标志，可以按照比例放大或缩小但不得变形、变色。当获证产品产地环境、生产技术条件等发生变化，不再符合无公害农产品要求的，获证单位应当立即停止使用标志，并向省级农业农村行政主管部门报告，交回《无公害农产品认定证书》。

（3）监督管理

获证单位应当严格执行无公害农产品产地环境、生产技术和质量安全控制标准，建立健全质量控制措施以及生产、销售记录制度，并对其生产的无公害农产品质量和信誉负责。

县级以上地方农业农村行政主管部门应当依法对辖区内无公害农产品产地环境、农业投入品使用、产品质量、包装标识、标志使用等情况进行监督检查，省级农业农村行政主管部门应当建立证后跟踪检查制度，组织辖区内无公害农产品的跟踪检查；同时，应当建立无公害农产品风险防范和应急处置制度，受理有关的投诉、申诉工作。任何单位和个人不得伪造、冒用、转让、买卖《无公害农产品认定证书》和无公害农产品标志。国家鼓励单位和个人对无公害农产品生产、认定、管理、标志使用等情况进行社会监督。

（4）罚则

获证单位违反《无公害农产品认定暂行办法》规定，有下列情形之一的，由省级农业农村行政主管部门暂停或取消其无公害农产品认定资质，收回认定证书，并停止使用无公害农产品标志：①无公害农产品产地被污染或者产地环境达不到规定要求的；②无公害农产品生产中使用的农业投入品不符合相关标准要求的；③擅自扩大无公害农产品产地范围的；④获证产品质量不符合无公害农产品质量要求的；⑤违反规定使用标志和证书的；⑥拒不接受监管部门或工作机构对其实施监督的；⑦以欺骗、贿赂等不正当手段获得认定证书的；⑧其他需要暂停或取消证书的情形。

从事无公害农产品认定、检测、管理的工作人员滥用职权、徇私舞弊、玩忽职守的，依照有关规定给予行政处罚或行政处分；构成犯罪的，依法移送司法机关追究刑事责任。其他违反《无公害农产品认定暂行办法》规定的行为，依照《中华人民共和国农产品质量安全法》《食品安全法》等法律法规进行处罚。

4.2.2　绿色食品的监管与认证

绿色食品是指产自优良生态环境，按照绿色食品标准生产，实行全程质量控制，并获得绿色食品标志使用权的安全、优质食用农产品及相关产品。"绿色"一词，体现了其所标识的商品从农副产品的种植、养殖到食品加工，直至投放市场的全过程实行环境保护和拒绝污染的理念，而并非描述食品的实际颜色。

绿色食品应具备以下条件：

①产品或产品原料产地环境符合绿色食品产地环境质量标准。

②农药、肥料、饲料、兽药等投入品使用符合绿色食品投入品使用准则。

③产品质量符合绿色食品产品质量标准。

④包装、贮运符合绿色食品包装、贮运标准。

1. 绿色食品的认证

根据《绿色食品标志管理办法》和《绿色食品标志许可审查程序》，绿色食品的认证程序如下所述。

（1）认证申请

具有规定资质的申请人，至少在产品收获、屠宰或捕捞前3个月，向所在省级工作机构提出申请，完成网上在线申报并提交下列文件：①《绿色食品标志使用申请书》及《调查表》；②资质证明材料（如《营业执照》《全国工业产品生产许可证》《动物防疫条件合格证》《商标注册证》等证明文件的复印件）；③质量控制规范；④生产技术规程；⑤基地图、加工厂平面图、基地清单、农户清单等；⑥合同，协议，购销发票，生产、加工记录；⑦含有绿色食品标志的包装标签或设计样张（非预包装食品不必提供）；⑧应提交的其他材料。

（2）初次申请审查

省级工作机构应当自收到《绿色食品标志许可审查程序》第7条规定的申请材料之日起10个工作日内完成材料审查。符合要求的，予以受理，并在产品及产品原料生产期内组织有资质的检查员完成现场检查；不符合要求的，不予受理，书面通知申请人并告知理由。

现场检查合格的，省级工作机构应当书面通知申请人，由申请人委托符合规定的检测机构对申请产品和相应的产地环境进行检测；现场检查不合格的，省级工作机构应当退回申请并书面告知理由。

检测机构接受申请人委托后，应当及时安排现场抽样，并自产品样品抽样之日起20个工作日内、环境样品抽样之日起30个工作日内完成检测工作，出具产品质量检验报告和产地环境监测报告，提交省级工作机构和申请人。

省级工作机构应当自收到产品检验报告和产地环境监测报告之日起20个工作日内提出初审意见。初审合格的，将初审意见及相关材料报送中国绿色食品发展中心（以下简称中心）；初审不合格的，退回申请并书面告知理由。

中心应当自收到省级工作机构报送的申请材料之日起30个工作日内完成书面审查，并在20个工作日内组织专家评审。必要时，应当进行现场核查。

中心应当根据专家评审的意见，在5个工作日内做出是否颁证的决定。同意颁证的，与申请人签订绿色食品标志使用合同，颁发《绿色食品标志使用证书》，并公告；不同意颁证的，书面通知申请人并告知理由。

（3）续展申请审查

《绿色食品标志使用证书》有效期为3年。证书有效期满，需要继续使用绿色食品标志的，标志使用人应当在有效期满3个月前向省级工作机构书面提出续展申请。省级工作机构应当在40个工作日内组织完成相关检查、检测及材料审核。初审合格的，由中国绿色食品发展中心在10个工作日内做出是否准予续展的决定。准予续展的，与标志使用人续签绿色食品标志使用合同，颁发新的《绿色食品标志使用证书》并公告；不予续展的，书面通知标志使用人并告知理由。

2. 绿色食品的管理

（1）标志使用管理

绿色食品标志使用人在证书有效期内享有下列权利：①在获证产品及其包装、标签、说明书上使用绿色食品标志；②在获证产品的广告宣传、展览展销等市场营销活动中使用绿色食品标志；③在农产品生产基地建设、农业标准化生产、产业化经营、农产品市场营销等方面优先享受相关扶持政策。

绿色食品标志使用人在证书有效期内应当履行下列义务：①严格执行绿色食品标准，保持绿色食品产地环境和产品质量稳定可靠；②遵守标志使用合同及相关规定，规范使用绿色食品标志；③积极配合县级以上人民政府农业行政主管部门的监督检查及绿色食品工作机构的跟踪检查。

未经中国绿色食品发展中心许可，任何单位和个人不得使用绿色食品标志。禁止将绿色食品标志用于非许可产品及其经营性活动。

在证书有效期内，标志使用人的单位名称、产品名称、产品商标等发生变化的，应当经省级工作机构审核后向中国绿色食品发展中心申请办理变更手续。

产地环境、生产技术等条件发生变化，导致产品不再符合绿色食品标准要求的，标志使用人应当立即停止使用标志，并通过省级工作机构向中国绿色食品发展中心报告。

（2）监督检查

标志使用人应当健全和实施产品质量控制体系，对其生产的绿色食品质量和信誉负责。

县级以上地方人民政府农业行政主管部门应当加强绿色食品标志的监督管理工作，依法对辖区内的绿色食品产地环境、产品质量、包装标识、标志使用等情况进行监督检查。

中国绿色食品发展中心和省级工作机构应当建立绿色食品风险防范及应急处置制度，组织对绿色食品及标志使用情况进行跟踪检查；省级工作机构应当组织对辖区内绿色食品标志使用人使用绿色食品标志的情况实施年度检查。检查合格的，在标志使用证书上加盖年度检查合格章。

标志使用人有下列情形之一的，由中国绿色食品发展中心取消其标志使用权，收回标志使用证书，并予公告：①生产环境不符合绿色食品环境质量标准的；②产品质量不符合绿色食品产品质量标准的；③年度检查不合格的；④未遵守标志使用合同约定的；⑤违反规定使用标志和证书的；⑥以欺骗、贿赂等不正当手段取得标志使用权的。

标志使用人依照前款规定被取消标志使用权的，3年内中国绿色食品发展中心不再受理其申请；情节严重的，永久不再受理其申请。

任何单位和个人不得伪造、转让绿色食品标志和标志使用证书。

国家鼓励单位和个人对绿色食品和标志使用情况进行社会监督。

从事绿色食品检测、审核、监管工作的人员，滥用职权、徇私舞弊和玩忽职守的，依照有关规定给予行政处罚或行政处分；构成犯罪的，依法移送司法机关追究刑事责任。

承担绿色食品产品和产地环境检测工作的技术机构伪造检测结果的，除依法予以处罚外，还要由中国绿色食品发展中心取消指定，永久不得再承担绿色食品产品和产地环境检测工作。

4.2.3　有机食品的监管与认证

有机食品又称生态食品或生物食品，是指来自有机农业生产体系，根据有机标准进行生产、加工和销售，并通过合法有机认证机构认证的食品，包括粮食、蔬菜、水果、奶制品、畜禽产品、蜂蜜、水产品和调料等。在有机食品的种植和加工过程中，不允许使用化学合成的农药、化肥、除草剂、合成色素和生长激素等，不采用基因工程获得的生物及其产物，遵循自然规律和生态学原理进行生产。因此，有机食品是一种天然、没有污染、不含各类有害的添加剂的食品。与常规食品相比，有机食品一般含有更多的主要养分（如维生素C、矿物质等）和次要养分（如植物营养素等），更有利于人体健康。

在法律法规方面，国家质检总局发布有《有机产品认证管理办法》，国家认证认可监督管理委员会（国家质检总局下属单位）发布有《有机产品认证目录》和《有机产品认证实施规则》。我国有机产品生产者和加工者可自愿委托认证机构进行认证。

1. 有机食品的认证

（1）有机食品的认证申报条件

要申报有机食品，必须满足以下几个条件：申报产品必须在《有机产品认证目录》之内，目录以外的产品申报不予受理；申请者资质必须符合相关要求，如申报主体必须有工商注册，加工产品必须获得《食品生产许可证》等；申请者必须了解 GB/T 19630—2019《有机产品 生产、加工、标识与管理体系要求》，并与其进行对照，看自身生产技术条件是否满足标准要求。

（2）有机食品认证需提交的材料

在生产或加工企业向认证机构提出有机食品认证申请时，申请人需要向认证机构提交申请表以及生产、加工情况调查表和相关资料文件，主要包括以下内容。

①认证委托人的合法经营资质文件的复印件，包括营业执照副本、组织机构代码证、土地使用权证明及合同等。

②认证委托人进行有机产品生产、加工、经营的基本情况：认证委托人的名称、地址、联系方式；如果认证委托人不是直接从事有机产品生产、加工的农户或个体加工组合，应当同时提交与直接从事有机产品的生产、加工者签订的书面合同的复印件及具体从事有机产品生产、加工者的名称、地址、联系方式；生产单元或加工场所概况；申请认证的产品名称、品种、生产规模（包括面积、产量、数量、加工量）等；同一生产单元内非申请认证产品和非有机方式生产的产品的基本信息；过去3年的生产、加工历史情况说明材料，如植物生产的病虫草害防治、投入品使用及收获等农事活动描述，野生植物采集情况的描述，动物饲养、水产养殖方法、疾病防治、投入品使用、动物运输和屠宰等情况的描述；申请和获得其他认证的情况等。

③产地（基地）区域范围描述，包括地理位置、地块分布、缓冲带及产地周围邻近地块的使用情况；加工场所周边环境（包括水、气和有无面源污染）描述、厂区平面图、工艺流程图等。

④有机产品生产、加工规划，包括对生产、加工环境适宜性的评价，对生产方式、加工工艺和流程的说明及证明材料，农药、肥料、食品添加剂等投入物质的管理制度，以及质量保证措施、标识与追溯体系建立、有机生产加工风险控制措施等。

⑤本年度有机产品生产、加工计划，上一年度的销售量、销售额和主要销售市场等。

⑥承诺守法诚信，接受认证机构、认证监管等行政执法部门的监督和检查，保证所提供材料真实、执行有机产品标准和《有机产品认证实施规则》相关要求的声明。

⑦有机生产、加工的质量管理体系文件。

⑧有机转换计划（适用时）。

⑨其他相关材料。

（3）有机食品的认证程序

有机产品生产者、加工者作为认证委托人，可以自愿委托认证机构进行有机产品认证，并提交《有机产品认证实施规则》中规定的申请材料。

认证机构自收到认证委托人申请材料之日起 10 日内，完成材料审核并做出是否受理的决定。对于不予受理的，应当书面通知认证委托人，并说明理由。

认证机构在对认证委托人实施现场检查前，至少提前 5 日将认证委托人及生产单元、检查安排等基本信息报送至国家认证认可监督管理委员会网站"中国食品农产品认证信息系统"。

认证机构受理认证委托后，按照《有机产品认证实施规则》的规定，由认证检查员根据认证依据对认证委托人建立的管理体系进行评审，核实生产、加工、经营过程与认证委托人所提交的文件的一致性，确认生产、加工、经营过程与认证依据的符合性。

认证机构应对申请生产、加工认证的所有产品抽样检测，在风险评估基础上确定需检测的项目，并委托具有法定资质的检验检测机构对申请认证的产品进行检验检测。

按照《有机产品认证实施规则》的规定，需要进行产地（基地）环境监（检）测的，由具有法定资质的监（检）测机构出具监（检）测报告，或者采信认证委托人提供的其他合法有效的环境监（检）测结论。

符合有机产品认证要求的，认证机构应及时向认证委托人出具《有机产品认证证书》，允许其使用中国有机产品认证标志；对不符合有机产品认证要求的，书面通知认证委托人，并说明理由。

2. 有机食品的管理

（1）认证证书的管理

国家认证认可监督管理委员会负责制定《有机产品认证证书》的基本格式、编号规则和认证标志的式样、编号规则。

认证证书的有效期为 1 年。认证证书应当包括以下内容：①认证委托人的名称、地址；②获证产品的生产者、加工者以及产地（基地）的名称、地址；③获证产品的数量、产地（基地）面积和产品种类；④认证类别；⑤依据的国家标准或者技术规范；⑥认证机构名称及其负责人签字、发证日期、有效期。

获证产品在认证证书有效期内，有下列情形之一的，认证委托人应当在 15日内向认证机构申请变更：①认证委托人或者有机产品生产、加工单位名称或者法人性质发生变更的；②产品种类和数量减少的；③其他需要变更认证证书的情形。认证机构应当自收到认证证书变更申请之日起30日内，对认证证书进行变更。

有下列情形之一的，认证机构应当在30日内注销认证证书，并对外公布：①认证证书有效期届满，未申请延续使用的；②获证产品不再生产的；③获证产品的认证委托人申请注销的；④其他需要注销认证证书的情形。

有下列情形之一的，认证机构应当在15日内暂停认证证书，并对外公布：①未按照规定使用认证证书或者认证标志的；②获证产品的生产、加工、销售等活动或者管理体系不符合认证要求，且经认证机构评估在暂停期限内能够采取有效纠正或者纠正措施的；③其他需要暂停认证证书的情形。认证证书暂停期为1~3个月。

有下列情形之一的，认证机构应当在7日内撤销认证证书，并对外公布：①获证产品质量不符合国家相关法规、标准强制要求或者被检出有机产品中有国家标准禁用物质的；②获证产品生产、加工活动中使用了有机产品国家标准禁用物质或者受到禁用物质污染的；③获证产品的认证委托人虚报、瞒报获证所需信息的；④获证产品的认证委托人超范围使用认证标志的；⑤获证产品的产地（基地）环境质量不符合认证要求的；⑥获证产品的生产、加工、销售等活动或者管理体系不符合认证要求，且在认证证书暂停期间未采取有效纠正或者纠正措施的；⑦获证产品在认证证书标明的生产、加工场所外进行了再次加工、分装、分割的；⑧获证产品的认证委托人对相关方重大投诉且确有问题未能采取有效处理措施的；⑨获证产品的认证委托人从事有机产品认证活动因违反国家农产品、食品安全管理相关法律法规，受到相关行政处罚的；⑩获证产品的认证委托人拒不接受认证监管部门或者认证机构对其实施监督的；⑪其他需要撤销认证证书的情形。

（2）认证标志的管理

中国有机产品认证标志应当在认证证书限定的产品类别、范围和数量内使用。获证产品的认证委托人应当在获证产品或者产品的最小销售包装上加施中国有机产品认证标志、有机码和认证机构名称。获证产品的标签、说明书及广告宣传等材料上可以印制中国有机产品认证标志，并可以按照比例将其放大或者缩小，但不得变形、变色。

有下列情形之一的，任何单位和个人不得在产品、产品最小销售包装及其标签上标注含有"有机""ORGANIC"等字样及可能误导公众认为该产品为有机产品的文字表述和图案：①未获得有机产品认证的；②获证产品在认证证书标明的生产、加工场所外进行了再次加工、分装、分割的。

认证证书暂停期间，获证产品的认证委托人应当暂停使用认证证书和认证标志；认证证书注销、撤销后，认证委托人应当向认证机构交回认证证书和未使用的认证标志。

（3）监督检查

国家认证认可监督管理委员会对有机产品认证活动组织实施监督检查和不定期的专项监督检查。地方认证监管部门应当按照各自职责，依法对所辖区域的有机产品认证活动进行监督检查，查处获证有机产品生产、加工、销售活动中的违法行为。

地方认证监管部门的监督检查的方式包括：①对有机产品认证活动是否符合《有机产品认证管理办法》和《有机产品认证实施规则》规定的监督检查；②对获证产品的监督抽查；③对获证产品认证、生产、加工、进口、销售单位的监督检查；④对有机产品认证证书、认证标志的监督检查；⑤对有机产品认证咨询活动是否符合相关规定的监督检查；⑥对有机产品认证和认证咨询活动举报的调查处理；⑦对违法行为的依法查处。

获证产品的认证委托人以及有机产品销售单位和个人，在产品生产、加工、包装、贮存、运输和销售等过程中，应当建立完善的产品质量安全追溯体系和生产、加工、销售记录档案制度。有机产品销售单位和个人在采购、贮存、运输、销售有机产品的活动中，应当符合有机产品国家标准的规定，保证销售的有机产品类别、范围和数量与销售证中的产品类别、范围和数量一致，并能够提供与正本内容一致的认证证书和有机产品销售证的复印件，以备相关行政监管部门或者消费者查询。

任何单位和个人对有机产品认证活动中的违法行为，都可以向国家认证认可监督管理委员会或者地方认证监管部门举报。国家认证认可监督管理委员会、地方认证监管部门应当及时调查处理，并为举报人保密。

4.2.4 保健食品注册与备案

保健食品注册，是指市场监督管理部门根据注册申请人申请，依照法定程序、条件和要求，对申请注册的保健食品的安全性、保健功能和质量可控性等相关申请材料进行系统评价和审评，并决定是否准予其注册的审批过程。保健食品备案，是指保健食品生产企业依照法定程序、条件和要求，将表明产品安全性、保健功能和质量可控性的材料提交市场监督管理部门进行存档、公开、备查的过程。

国家食品药品监督管理总局于 2016 年 2 月 26 日发布了《保健食品注册与备案管理办法》，2020 年 10 月 23 日国家市场监督管理总局令第 31 号修订，进一步规范了保健食品的注册与备案。保健食品的注册与备案及其监督管理应当遵循科学、公开、公正、便民、高效的原则。

国家市场监督管理总局负责保健食品注册管理，以及首次进口的属于补充维生素、矿物质等营养物质的保健食品备案管理，并指导监督省（自治区、直辖市）市场监督管理部门承担的保健食品注册与备案相关工作。

省（自治区、直辖市）市场监督管理部门负责本行政区域内保健食品的备案管理，并配合国家市场监督管理总局开展保健食品注册现场核查等工作。

市、县级市场监督管理部门负责本行政区域内注册和备案保健食品的监督管理，承担上级市场监督管理部门委托的其他工作。

①生产和进口下列产品应当申请保健食品注册。

a. 使用保健食品原料目录以外原料（以下简称目录外原料）的保健食品。

b. 首次进口的保健食品（属于补充维生素、矿物质等营养物质的保健食品除外）。

首次进口的保健食品，是指非同一国家、同一企业、同一配方申请中国境内上市销售的保健食品。

②产品声称的保健功能应当已经列入保健食品功能目录。

③国产保健食品注册申请人应当是在中国境内登记的法人或者其他组织；进口保健食品注册申请人应当是上市保健食品的境外生产厂商。

申请进口保健食品注册的，应当由其常驻中国代表机构或者由其委托中国境内的代理机构办理。

境外生产厂商，是指产品符合所在国（地区）上市要求的法人或者其他组织。

④申请保健食品注册应当提交下列材料。

a. 保健食品注册申请表，以及申请人对申请材料真实性负责的法律责任承诺书。

b. 注册申请人主体登记证明文件复印件。

c. 产品研发报告，包括研发人、研发时间、研制过程、中试规模以上的验证数据，目录外原料及产品安全性、保健功能、质量可控性的论证报告和相关科学依据，以及根据研发结果综合确定的产品技术要求等。

d. 产品配方材料，包括原料和辅料的名称、用量、生产工艺、质量标准，必要时还应当按照规定提供原料使用依据、使用部位的说明、检验合格证明、品种鉴定报告等。

e. 产品生产工艺材料，包括生产工艺流程简图及说明，关键工艺控制点及说明。

f. 安全性和保健功能评价材料，包括目录外原料及产品的安全性、保健功能试验评价材料，人群食用评价材料；功效成分或者标志性成分、卫生学、稳定性、菌种鉴定、菌种毒力等试验报告，以及涉及兴奋剂、违禁药物成分等检测报告。

g. 直接接触保健食品的包装材料种类、名称、相关标准等。

h. 产品标签、说明书样稿；产品名称中的通用名与注册的药品名称不重名的检索材料。

i. 3 个最小销售包装样品。

j. 其他与产品注册审评相关的材料。

⑤申请首次进口保健食品注册，除提交上述第④项中规定的材料外，还应当提交下列材料。

a. 产品生产国（地区）政府主管部门或者法律服务机构出具的注册申请人为上市保健食品境外生产厂商的资质证明文件。

b. 产品生产国（地区）政府主管部门或者法律服务机构出具的保健食品上市销售一年以上的证明文件，或者产品境外销售以及人群食用情况的安全性报告。

c. 产品生产国（地区）或者国际组织与保健食品相关的技术法规或者标准。

d. 产品在生产国（地区）上市的包装、标签、说明书实样。

由境外注册申请人常驻中国代表机构办理注册事务的，应当提交《外国企业常驻中国代表机构登记证》及其复印件；境外注册申请人委托境内的代理机构办理注册事项的，应当提交经过公证的委托书原件以及受委托的代理机构营业执照复印件。

⑥受理机构收到申请材料后，应当根据下列情况分别做出处理。

a. 申请事项依法不需要取得注册的，应当即时告知注册申请人不受理。

b. 申请事项依法不属于国家市场监督管理总局职权范围的，应当即时做出不予受理的决定，并告知注册申请人向有关行政机关申请。

c. 申请材料存在可以当场更正的错误的，应当允许注册申请人当场更正。

d. 申请材料不齐全或者不符合法定形式的，应当当场或者在 5 个工作日内一次性告知注册申请人需要补正的全部内容，逾期不告知的，自收到申请材料之日起即为受理。

e.申请事项属于国家市场监督管理总局职权范围，申请材料齐全、符合法定形式，注册申请人按照要求提交全部补正申请材料的，应当受理注册申请。

受理或者不予受理注册申请，应当出具加盖国家市场监督管理总局行政许可受理专用章和注明日期的书面凭证。

⑦受理机构应当在受理后3个工作日内将申请材料一并送交审评机构。

⑧审评机构应当组织审评专家对申请材料进行审查，并根据实际需要组织查验机构开展现场核查，组织检验机构开展复核检验，在60个工作日内完成审评工作，并向国家市场监督管理总局提交综合审评结论和建议。

特殊情况下需要延长审评时间的，经审评机构负责人同意，可以延长20个工作日，延长决定应当及时书面告知申请人。

⑨审评机构应当组织对申请材料中的下列内容进行审评，并根据科学依据的充足程度明确产品保健功能声称的限定用语。

a.产品研发报告的完整性、合理性和科学性。

b.产品配方的科学性，以及产品安全性和保健功能。

c.目录外原料及产品的生产工艺合理性、可行性和质量可控性。

d.产品技术要求和检验方法的科学性和复现性。

e.标签、说明书样稿主要内容，以及产品名称的规范性。

⑩审评机构在审评过程中可以调阅原始资料。

审评机构认为申请材料不真实、产品存在安全性或者质量可控性问题，或者不具备声称的保健功能的，应当终止审评，提出不予注册的建议。

⑪审评机构认为需要注册申请人补正材料的，应当一次告知需要补正的全部内容。注册申请人应当在3个月内按照补正通知的要求一次提供补充材料；审评机构收到补充材料后，审评时间重新计算。

注册申请人逾期未提交补充材料或者未完成补正，不足以证明产品安全性、保健功能和质量可控性的，审评机构应当终止审评，提出不予注册的建议。

⑫审评机构认为需要开展现场核查的，应当及时通知查验机构按照申请材料中的产品研发报告、配方、生产工艺等技术要求进行现场核查，并对下线产品封样送复核检验机构检验。

查验机构应当自接到通知之日起30个工作日内完成现场核查，并将核查报告送交审评机构。

核查报告认为申请材料不真实、无法溯源复现或者存在重大缺陷的，审评机构应当终止审评，提出不予注册的建议。

⑬复核检验机构应当严格按照申请材料中的测定方法以及相关说明进行操作，对测定方法的科学性、复现性、适用性进行验证，对产品质量可控性进行复核检验，并应当自接受委托之日起60个工作日内完成复核检验，将复核检验报告送交审评机构，复核检验结论认为测定方法不科学、无法复现、不适用或者产品质量不可控的，审评机构应当终止审评，提出不予注册的建议。

⑭首次进口的保健食品境外现场核查和复核检验时限，根据境外生产厂商的实际情况确定。

⑮保健食品审评涉及的试验和检验工作应当由国家市场监督管理总局选择的符合条件的食品检验机构承担。

⑯审评机构认为申请材料真实，产品科学、安全、具有声称的保健功能，生产工艺合理、可行和质量可控，技术要求和检验方法科学、合理的，应当提出予以注册的建议。

审评机构提出不予注册建议的，应当同时向注册申请人发出拟不予注册的书面通知。注册申请人对通知有异议的，应当自收到通知之日起20个工作日内向审评机构提出书面复审申请并说明复审理由。复审的内容仅限于原申请事项及申请材料。

审评机构应当自受理复审申请之日起30个工作日内做出复审决定。改变不予注册建议的，应当书面通知注册申请人。

⑰审评机构做出综合审评结论及建议后，应当在5个工作日内报送国家市场监督管理总局。

⑱国家市场监督管理总局应当自受理之日起20个工作日内对审评程序和结论的合法性、规范性以及完整性进行审查，并做出准予注册或者不予注册的决定。

⑲现场核查、复核检验、复审所需时间不计算在审评和注册决定的期限内。

⑳国家市场监督管理总局做出准予注册或者不予注册的决定后，应当自做出决定之日起10个工作日内，由受理机构向注册申请人发出《保健食品注册证书》或者不予注册决定。

㉑注册申请人对国家市场监督管理总局做出的不予注册的决定有异议的，可以向国家市场监督管理总局提出书面行政复议申请或者向法院提出行政诉讼。

㉒保健食品注册人转让技术的，受让方应当在转让方的指导下重新提出产品

注册申请，产品技术要求等应当与原申请材料一致。

审评机构按照相关规定简化审评程序。符合要求的，国家市场监督管理总局应当为受让方核发新的《保健食品注册证书》，并对转让方保健食品注册予以注销。

受让方除提交规定的注册申请材料外，还应当提交经公证的转让合同。

㉓《保健食品注册证书》及其附件所载明内容变更的，应当由保健食品注册人申请变更并提交书面变更的理由和依据。

注册人名称变更的，应当由变更后的注册申请人申请变更。

㉔已经生产销售的《保健食品注册证书》有效期届满需要延续的，保健食品注册人应当在有效期届满6个月前申请延续。

获得注册的保健食品原料已经列入保健食品原料目录，并符合相关技术要求，保健食品注册人申请变更注册，或者期满申请延续注册的，应当按照备案程序办理。

㉕申请变更国产保健食品注册的，除提交保健食品注册变更申请表（包括申请人对申请材料真实性负责的法律责任承诺书）、注册申请人主体登记证明文件复印件、《保健食品注册证书》及其附件的复印件外，还应当按照下列情形分别提交材料。

a.改变注册人名称、地址的变更申请，还应当提供该注册人名称、地址变更的证明材料。

b.改变产品名称的变更申请，还应当提供拟变更后的产品通用名与已经注册的药品名称不重名的检索材料。

c.增加保健食品功能项目的变更申请，还应当提供所增加功能项目的功能学试验报告。

d.改变产品规格、保质期、生产工艺等涉及产品技术要求的变更申请，还应当提供证明变更后产品的安全性、保健功能和质量可控性与原注册内容实质等同的材料、依据及变更后3批样品符合产品技术要求的全项目检验报告。

e.改变产品标签、说明书的变更申请，还应当提供拟变更的保健食品标签、说明书样稿。

㉖申请延续国产保健食品注册的，应当提交下列材料。

a.保健食品延续注册申请表，以及申请人对申请材料真实性负责的法律责任承诺书。

b.注册申请人主体登记证明文件的复印件。

c.《保健食品注册证书》及其附件的复印件。

d. 经省级市场监督管理部门核实的注册证书有效期内保健食品的生产销售情况。

e. 人群食用情况分析报告、生产质量管理体系运行情况的自查报告以及符合产品技术要求的检验报告。

㉗变更申请的理由依据充分合理，不影响产品安全性、保健功能和质量可控性的，予以变更注册；变更申请的理由依据不充分、不合理，或者拟变更事项影响产品安全性、保健功能和质量可控性的，不予变更注册。

㉘申请延续注册的保健食品的安全性、保健功能和质量可控性符合要求的，予以延续注册。申请延续注册的保健食品的安全性、保健功能和质量可控性依据不足或者不再符合要求，在注册证书有效期内未进行生产销售的，以及注册人未在规定时限内提交延续申请的，不予延续注册。

㉙接到保健食品延续注册申请的市场监督管理部门应当在《保健食品注册证书》有效期届满前做出是否准予延续的决定。逾期未做出决定的，视为准予延续注册。

㉚准予变更注册或者延续注册的，颁发新的《保健食品注册证书》，同时注销原《保健食品注册证书》。

5　食品安全与质量管理体系

食品安全是关系人们身体健康的重大问题，食品质量管理也是政府必须关注的民生问题。食品质量管理体系认证就成了政府监督管理企业的一种关键手段和标准。本章对食品良好生产规范、质量管理与质量保证体系、食品安全管理体系、食品质量控制的 HACCP 体系、卫生标准操作程序、风险分析与食品安全性评估等内容进行论述。

5.1　食品良好生产规范

5.1.1　良好作业规范

良好作业规范（Good Manufacturing Practice，GMP），或称作优良制造标准，是一种特别注重在生产过程中实施对产品质量与卫生安全的自主性管理的制度。它是一套适用于制药、食品等行业的强制性标准，要求企业从原料、人员、设施设备、生产过程、包装运输、质量控制等方面按国家有关法规达到卫生质量要求，形成一套可操作的作业规范，以帮助企业改善卫生环境，及时发现生产过程中存在的问题并加以改善。简要地说，GMP 要求食品生产企业应具备良好的生产设备、合理的生产过程、完善的质量管理和严格的检测系统，确保最终产品的质量（包括食品安全卫生）符合法规要求。GMP 所规定的内容，是食品加工企业必须达到的最基本条件。

美国是最早将 GMP 用于食品工业生产的国家。1963 年，美国食品药品管理局（FDA）制定了药品 GMP，并于 1964 年开始实施。1969 年，世界卫生组织要求各会员国家政府制定实施药品 GMP 制度，以保证药品质量。同年，美国公布了《食品制造、加工、包装储存的现行良好操作规范》，简称 FGMP 基本法。1969 年，美国食品药品管理局制定了《食品良好生产工艺通则》（CGMP），为所有企业共同遵守的法则。后来，美国又陆续制定了单类食品企业的 GMP，有熏制鱼及熏味鱼炸虾 GMP，低酸性罐头 GMP，巧克力、可可制品类、糕点类及瓶装饮料 GMP 等。

自 20 世纪 80 年代以来，我国逐渐开始建立食品企业卫生规范和良好生产规范，提高了整体的生产水平和管理水平。1998 年，卫生部发布了 GB 17405—1998《保健食品良好生产规范》和 GB 17404—1998《膨化食品良好生产规范》（该标准现已废止），这是我国首批颁布的 GMP 标准，标志着我国食品企业管理的深入发展。制定规范的指导思想与 GMP 的原则类似，即将保证食品卫生质量的重点放在成品出厂前的整个生产过程的各个环节上，而不仅仅着眼于最终产品。也就是说，针对食品生产全过程提出相应技术要求和质量控制措施，以确保最终产品的卫生质量合格。

食品 GMP 的推行是采用认证制度，而且是由从业者自愿参加的，通则适用于所有食品工厂，而专则依个别产品性质不同及实际需要予以制定。食品 GMP 有关产品的抽验方法，应遵从相关国家标准的规定，没有制定标准的应当参照政府检验单位或学术研究机构认同的方法。

食品 GMP 的基本原则主要包括以下 10 个方面。

①明确各岗位人员的工作职责。

②在厂房、设施和设备的设计、建造过程中，充分考虑生产能力、产品质量和员工的身心健康。

③对厂房、设施和设备进行适当的维护，以保证始终处于良好的状态。

④将清洁工作作为日常的习惯，防止产品污染。

⑤开展验证工作，证明系统的有效性、正确性和可靠性。

⑥起草详细的规程，为取得始终如一的结果提供准确的行为指导。

⑦认真遵守批准的书面规程，防止污染、混淆和差错。

⑧对操作或工作及时、准确地记录归档，以保证可追溯性，符合 GMP 要求。

⑨通过控制与产品有关的各个阶段，将质量建立在产品生产过程中。

⑩定期进行有计划的自检。

5.1.2 良好农业规范

从广义上讲，良好农业规范（Good Agricultural Practices，GAP）作为一种适用方法和体系，通过经济的、环境的和社会的可持续发展措施，保障食品安全和食品质量。GAP 是主要针对未加工和经最简单加工（生的）后出售给消费者、加工企业的大多数果蔬的种植、采收、清洗、摆放、包装和运输过程中常见的微生物的危害控制。其关注的是新鲜果蔬的生产和包装，但不限于农场，包含从农场到餐桌的整个食品链的所有步骤；目的是解决农产品产量与质量之间的矛盾。它是有效保障食品安全、增强消费者对产品信心的一套体系规范。

2003 年 4 月，国家认证认可监督管理委员会首次提出在中国食品链源头建立"良好农业规范"体系，并于 2004 年启动了中国 GAP 标准的编写和制定工作。2005 年 12 月 31 日，国家质检总局和国家标准化管理委员会联合发布了 GB/T 20014《良好农业规范》系列国家标准。GAP 标准为系列标准，包括术语、农场基础控制点与符合性规范、作物基础控制点与符合性规范、大田作物控制点与符合性规范、水果和蔬菜控制点与符合性规范、畜禽基础控制点与符合性规范、牛羊控制点与符合性规范、奶牛控制点与符合性规范、生猪控制点与符合性规范、家禽控制点与符合性规范等。

2006 年 1 月，国家认证认可监督管理委员会制定了《良好农业规范认证实施规则（试行）》，并于 2007 年 8 月进行了修订。为进一步完善良好农业规范认证制度，规范良好农业规范认证活动，保证认证活动的一致性和有效性，充分发挥认证认可对促进我国综合农业生产能力和农业可持续发展的作用，国家认证认可监督管理委员会对 2007 年 8 月 21 日发布的《良好农业规范认证实施规则》又进行了修订，2015 年 8 月 1 日起执行。

GAP 以科学为基础，采取自愿的原则。在我国加入世界贸易组织之后，GAP 认证成为农产品进出口的一个重要条件，通过 GAP 认证的产品将在国内外市场上具有更强的竞争力。GAP 允许有条件合理使用化学合成物质即合理用药施肥，并且其认证在国际上得到广泛认可。因此，进行 GAP 认证，可以从操作层面上落实农业标准化，从而提高我国常规农产品在国际市场上的竞争力，促进获证农产品的出口。

5.1.3　良好卫生规范

良好卫生规范（Good Hygienic Practices，GHP）是食品企业制造、加工、调配、包装、运送、贮存、销售食品或食品添加物的作业场所、设施及品保制度的管理规定。良好卫生规范提供了整个食品生产经营过程中应当遵照的基本卫生原则，用以规范食品生产经营活动。

一般而言，符合良好操作规范和卫生要求是食品安全生产的基础，主要包括以下几个方面：水（冰）的安全；食品接触表面的状况及清洁；防止交叉污染；手的清洗，消毒和厕所设备的维修；防止污染物的混入；有毒化学物质的使用、标识和保存；人员健康情况；害虫的控制等。

在我国，根据国际食品贸易的要求，1984 年由国家商检局（现已整合）首先制定了卫生法规《出口食品厂、库最低卫生要求》，对出口食品生产企业提出了强制性的卫生规范。根据食品贸易全球化的发展以及对食品安全卫生要求的提高，经过修改，1994 年 11 月，《出口食品厂、库卫生要求》发布。在此基础上，我国又陆续发布了 9 个专业卫生规范：《出口畜禽肉及其制品加工企业注册卫生规范》《出口罐头加工企业注册卫生规范》《出口水产品加工企业注册卫生规范》《出口饮料加工企业注册卫生规范》《出口茶叶加工企业注册卫生规范》《出口糖类加工企业注册卫生规范》《出口面糖制品加工企业注册卫生规范》《出口速冻方便食品加工企业注册卫生规范》《出口肠衣加工企业注册卫生规范》。从 1994 年起，卫生部先后颁布了《食品企业通用卫生规范》和 30 个专项规范（注：以上部分规范已调整或废止）。

GHP 对食品企业的食品安全控制起到了举足轻重的作用。可以说，食品生产现场管理的成功依赖于 GHP 的有效实施；食品的安全品质的稳定形成，依赖于 GHP 的持久保持。保证食品安全的基础是要在生产过程中有效防止外来有害微生物的污染。要有效防止这些污染，就要求食品加工企业的操作人员在生产过程中严格执行 GHP。

5.2　质量管理与质量保证体系

5.2.1　ISO 9000 的特点

"ISO 9000"不是指一个标准，而是一族标准的统称。它包含《ISO 9000：2015 质量管理体系基础和术语》、《ISO 9001：2015 质量管理体系—要求》、《ISO 9004：2009 质量管理体系—业绩改进指南》、《ISO 19011：2011 质量和环境管理体系审核指南》等。

上述标准中的《ISO 9001：2015 质量管理体系—要求》通常用于企业建立质量管理体系并申请认证。它主要通过对申请认证组织的质量管理体系提出各项要求来规范组织的质量管理体系。

ISO 9001 的侧重点在于质量管理，这个标准可以应用在各行各业，很多认证都是在此标准上进行的。例如 IATF 16949 就是在 ISO 9001 的基础上提出汽车行业的特定要求，IECQ QC080000 则是在 ISO 9001 的基础上增加有害物质的管控要求等。

5.2.2　ISO 9000 的意义

ISO 9000 系列标准诞生于市场经济环境，总结了经济发达国家企业的先进管理经验，为广大企业完善管理、提高产品 / 服务质量提供了科学的指南，同时为企业走向国际市场找到了"共同语言"。ISO 9000 系列标准明确了市场经济条件下顾客对企业共同的基本要求。企业通过贯彻这一系列标准，实施质量体系认证，可以证实其有能力满足顾客的要求，提供合格的产品 / 服务。这对规范企业的市场行为、保护消费者的合法权益发挥了积极作用。

ISO 9000 系列标准是经济发达国家企业科学管理经验的总结，通过贯标与认证，企业能够找到一条加快经营机制转换、强化技术基础与完善内部管理的有效途径。

1. 企业的市场意识与质量意识得到增强

通过贯标与认证，企业"以满足顾客要求为经营宗旨，以产品 / 服务质量为本，以竞争为手段，向市场要效益"的经营理念将得到强化。

2. 稳定和提高产品 / 服务质量

通过贯标与认证，企业对影响产品 / 服务的各种因素与各个环节将进行持续有效的控制，稳定并提高产品 / 服务的质量。

3. 提高整体的管理水平

通过贯标与认证，企业全体员工的质量意识与管理意识将得到增强；各项管理职责和工作程序将清晰、明确，各项工作将有章可循；同时，通过内部审核与管理评审，及时发现问题并加以改进，使企业建立自我完善与自我改进的机制。

4. 增强市场竞争能力

通过贯标与认证，一方面企业能够向市场证实自身有能力满足顾客的要求，提供合格的产品 / 服务，另一方面产品 / 服务的质量也确实能够得到提高，这就增强了企业的市场竞争能力。

5. 为实施全面的科学管理奠定基础

通过贯标与认证，员工的管理素质将得到提高，企业规范管理的意识将得到增强，并建立起自我发现问题、自我改进与自我完善的机制，从而为企业实施全面的科学管理（如财务管理、营销管理等）奠定基础。

ISO 9000 系列标准是由国际标准化组织 ISO 发布的国际标准，是工业化进程中质量管理经验的科学总结，已被世界各国广泛采用和认同。由第三方独立且公正的认证机构对企业实施质量体系认证，可以有效避免不同顾客对企业能力的重复评定，减轻了企业的负担，提高了经济贸易效率。同时，国内的企业贯彻 ISO 9000 标准，按照国际通行的原则和方式经营与管理企业，有助于树立国内企业"按规则办事，尤其是按国际规则办事"的形象，符合我国加入世界贸易组织的基本原则，能够为企业对外经济与技术合作的顺利进行营造一个良好的环境。

5.2.3 ISO 9000 与 ISO 14000 的异同

与 ISO 9000 类似，ISO 14000 也不是单独的一个标准，而是一系列标准。ISO 14000 环境管理系列标准是国际标准化组织第 207 技术委员会（ISO/TC 207）组织编制的环境管理体系标准，其标准号从 14001 到 14100，共 100 个，统称为 ISO 14000 系列标准。

ISO 14000 与 ISO 9000 有以下异同点。

首先，两套标准都是 ISO 组织制定的针对管理方面的标准，都是国际贸易中消除贸易壁垒的有效手段。

其次，两套标准的要素有相同或相似之处：

再次，两套标准最大的区别在于面向的对象不同，ISO 9000 是对顾客承诺，ISO 14000 是面向政府、社会和众多相关方（包括股东、贷款方、保险公司等）；ISO 9000 缺乏行之有效的外部监督机制，而实施 ISO 14000 的同时，就要接受政府、执法当局、社会公众和各相关方的监督。

最后，两套标准部分内容和体系在思路上有着质的不同，包括环境因素识别、重要环境因素评价与控制等。

ISO 14000 适用于环境法律、法规的识别、获取、遵循状况评价和跟踪最新法规，环境目标指标方案的制定和实施完成，以期达到预防污染、节能降耗、提高资源能源利用率，最终达到环境行为的持续改进目的。

5.3 食品安全管理体系

随着经济全球化的发展、社会文明程度的提高，人们越来越关注食品的安全问题，希望食品生产、加工和销售者能够证明自己有能力控制食品安全危害和那些影响食品安全的因素。顾客的期望、社会的责任，使食品生产、加工和销售者逐渐认识到，应当有标准来指导操作以保障、评价食品安全。这种对标准的呼唤，促使《ISO 22000：2005 食品安全管理体系要求》标准的产生。国际标准化组织已发布了《ISO 22000：2018 食品安全管理体系》标准的最终版本。获得认证的组织必须在 2021 年 6 月 19 日之前过渡到 2018 版标准。在此日期之后，2005 版标准将被撤销。

从条款对照来看，ISO 22000 采取了 HSL 高级结构，可以跟 ISO 9001 更好地融合。2018 版相比 2005 版新增和关键变动的条款如下。

①业务环境和相关方：第 4.1 章外部和内部事项中，对于系统性地确定和监测商业环境有新的规定，第 4.2 章相关方的需求和期望中介绍了可能（潜在）影响管理体系实现预期结果能力的因素的识别和理解需求。

②进一步强调领导作用和管理承诺：第 5.1 章包含了积极参与和对管理体系的有效性承担责任的新需求。

③风险管理：第 6.1 章要求公司决定、考虑并在必要时采取行动，以解决可能影响（无论是正面还是负面影响）管理体系实现其预期结果的能力的任何风险。

④进一步侧重于目标驱动的改进：这些变动包含在第 6.2 章以及第 9.1 章的绩效评估中。

⑤与沟通相关的延伸要求：第 7.4 章对沟通"机制"有了更多规定，包括决定沟通的内容、时间和方式。

⑥对食品安全文件的要求放宽：该变动包含在第 7.5 章中，仍然要求有文件化信息，必须对文件化信息加以控制，确保其受到充分保护，但删除了对文件化程序的明确要求。

⑦PDCA 循环：标准明确了"策划—实施—检查—处置"（PDCA）循环，采用两套并行的独立循环，其中一套涵盖了管理体系，另一套涵盖了 HACCP 原则。

⑧当前范围特别包含了动物食品：动物食品，不用于生产供人类消费的食品（如宠物食品）。饲料仅用于喂养提供食品的动物，因此不算动物食品。

⑨一些定义发生重大变动："伤害"被"负面健康影响"取代，以确保与食品安全危害定义的一致性。用"保障"一词强调了消费者与食品产品之间的关系基于食品安全保障。

⑩沟通食品安全方针：第 5.2.2 章对管理提出了明确要求，便于员工理解食品安全方针。

⑪食品安全管理体系目标：第 6.2.1 章中进一步规定了设立食品安全管理体系的目标，包括诸如"符合客户要求""予以监视"和"得到验证"等项目。

⑫控制外部提供的过程、产品或服务：第 7.1.6 章介绍了产品、过程和服务（包括外包过程）供应商的控制要求，确保就相关要求开展充分沟通，以满足食品安全管理体系的要求。

⑬与 2005 版相比，2018 版在涉及 HACCP 系统方面也有一些关键变动。

5.3.1　ISO 22000 的特点

ISO 22000 具有如下特点。

①统一和整合了国际上相关的自愿性标准。

②遵守并应用 HACCP 的 7 项原则建立了食品安全管理体系，囊括了 HACCP 的所有要求。

③既是建立和实施食品安全管理体系的指导性标准，又是审核所依据的标准，可用于内审、第二方认证和第三方注册认证。

④将 HACCP 与必备方案，如卫生操作标准程序和良好生产规范等结合，从不同方面来控制食品危害。

⑤提供了一个全球交流 HACCP 概念、传递食品安全信息的机制。

5.3.2　ISO 22000 的意义

ISO 22000 具有如下意义。

①与贸易伙伴进行有组织的、有针对性的沟通。

②在组织内部及食品链中实现资源利用最优化。

③减少冗余的系统审计，从而节约资源。

④加强计划性，减少过程后的检验。

⑤有效和动态地进行食品安全风险控制。

⑥所有的控制措施都将进行风险分析。

⑦对必备方案进行系统化管理。

⑧关注最终结果。

⑨可以作为决策的有效依据。

⑩聚焦对必要问题的控制。

⑪该标准适用范围广泛。

5.3.3 ISO 22000 推行的难点

ISO 22000 是由 ISO/TC 34 农产食品技术委员会制定的一套专用于食品链内的食品安全管理体系。食品安全与消费环节（由消费者摄入）食源性危害的存在状况有关，由于食品链的任何环节均可能引入食品安全危害，因此必须对整个食品链进行充分控制，故食品安全必须通过食品链中所有参与方的共同努力来保证。

食品链中的组织包括：饲料生产者、初级生产者，食品生产制造者、运输和仓储经营者，零售分包商、餐饮服务与经营者（包括与其密切相关的其他组织，如设备、包装材料、清洁剂、添加剂和辅料的生产者），以及相关服务提供者等。

为了确保整个食品链直至最终消费的食品安全，标准规定了食品安全管理的各项要求。该标准体系结合了下列公认的关键要素：相互沟通；体系管理；前提方案；HACCP 原理。

为了确保食品链每个环节所有相关的食品危害均得到识别和充分控制，整个食品链中内外各组织的沟通必不可少。因此，食品链中的上游和下游组织之间均需要沟通。尤其对于已确定的危害和采取的控制措施，整个食品链中内外各组织应与顾客和供方进行沟通，这将有助于明确顾客和供方的要求（如在可行性、需求和对最终产品的影响方面）。

为了确保整个食品链中的组织之间进行有效的相互沟通，向最终消费者提供安全的食品，食品链中各组织的角色和地位的确定是必不可少的，以确保整个供应链组织间的有效互动沟通，从而提供给最终消费者安全的食品。

ISO 22000 很灵活，可以独立于其他管理体系标准，或集成现有管理体系的要求。

此外，ISO 22000 在整合了 HACCP 原理和国际食品法典委员会制定的 HACCP 实施步骤的基础上，明确提出了建立前提方案（指 GMP）的要求。由于危害分析有助于建立有效的控制措施组合，所以它是建立有效的食品安全管理体系的关键。前提方案要求对食品链内合理预期发生的所有危害，包括与各种生产过程、工艺和所用设备、设施有关的危害，进行识别和评价，并对于已确定的危害是否需要组织控制，提供了判断并形成文件的方法。在危害分析过程中，组织应通过组合前提方案、操作性前提方案和 HACCP 计划，选择和确定危害控制的方法。

5.4 食品质量控制的 HACCP 体系

国家标准 GB/T 15091—1994《食品工业基本术语》对危害分析及关键控制点（Hazard Analysis and Critical Control Point，HACCP）的定义为：生产（加工）安全食品的一种控制手段；对原料、关键生产工序及影响产品安全的人为因素进行分析，确定加工过程中的关键环节，建立、完善监控程序和监控标准，采取规范的纠正措施。

国际标准 CAC/RCP-1《食品卫生通则》（1997 修订 3 版）对 HACCP 的定义为：鉴别、评价和控制对食品安全至关重要的危害的一种体系。

HACCP 概念于 20 世纪 80 年代传入中国。1990 年，国家进出口商品检验局科学技术委员会食品专业技术委员会（现已整合）开始进行 HACCP 的应用研究，制定了"在出口食品生产中建立 HACCP 质量管理体系"导则，出台了一些用于食品加工业的 HACCP 体系的具体实施方案，并在全国范围内展开了广泛的讨论。1990 年 3 月，该委员会组织实施了"出口食品安全工程的研究与应用计划"，该计划包括了水产品、肉类、禽类和低酸性罐头食品等 10 种食品，约 250 家食品企业参加了这项计划。1998 年年初，国务院办公厅印发了《中国营养改善行动计划》，其中规定"完善各类食品生产卫生规范的制定工作并在主要食品行业全面推行。建立健全食品生产经营企业的质量控制与管理体系，在各类食品生产经营过程中逐步推广使用危害分析及关键控制点（HACCP）系统分析方法"。2002 年，国家认证认可监督管理委员会发布了《食品生产企业危害分析与关键控制点（HACCP）管理体系认证管理规定》，规定中指出："国家鼓励从事生产、加工出口食品的企业建立并实施 HACCP 管理体系。列入《出口食品卫生注册需要评审 HACCP 管理体系的产品目录》的企业，必须建立和实施 HACCP 管理体系。"国家质检总局于 2002 年 5 月 20 日起实施了《出口食品生产企业卫生注册登记管理规定》及其配套文件，其取代了从 1994 年颁布实施的《出口食品厂、库卫生注册细则》和《出口食品厂、库卫生要求》，并在全国范围内开始推行 HACCP 体系。2002 年，为促进我国食品卫生状况的改善，预防和控制各种有害因素对食品的污染，保证产品卫生安全，卫生部发布了《食品企业 HACCP 实施指南》。

目前，我国大多数的出口食品加工生产企业对 HACCP 体系已经逐步认同。HACCP 已经成为国家市场监督管理部门实施食品安全控制的基本手段。

5.4.1 HACCP 的原理

HACCP 是对食品加工、运输乃至销售整个过程中的各种危害进行分析和控制，从而保证食品达到安全水平的控制方法。它是一个系统的、连续性的食品卫生预防和控制方法。以 HACCP 为基础的食品安全体系，是以 HACCP 的 7 个原理为基础的。1999 年，国际食品法典委员会在《食品卫生通则》附录《危害分析和关键控制点（HACCP）体系应用准则》中，将 HACCP 的 7 个原理确定如下。

1. 危害分析

危害分析（Hazard Analysis，HA）是收集信息和评估危害及导致其存在的条件的过程，以便决定哪些对食品安全具有显著意义，从而被列入 HACCP 计划中。危害分析与预防控制措施是 HACCP 原理的基础，也是建立 HACCP 计划的第一步。危害分析一般分为危害识别和危害评估两个阶段。在危害识别阶段，应对照工艺流程从原料接收到制成成品的每个环节进行危害识别，列出所有的可能潜在危害（危害主要有物理性危害、化学性危害和生物性危害三种类型）。并不是所有被识别的潜在危害都必须在 HACCP 中控制，而仅仅是那些在危害评估后被确定为显著性危害的才进行 HACCP 控制。企业应根据所掌握的食品中存在的危害以及控制方法，结合工艺特点，进行详细分析。

2. 确定关键控制点

关键控制点（Critical Control Point，CCP）是能进行有效控制危害的加工点、步骤或程序，通过有效地控制危害、消除危害，使之降低到可接受水平。对危害分析中确定的每一个显著性危害，均必须有一个或多个控制点对其进行控制。一个关键控制点可以控制一种以上的危害，也可以用多个关键控制点来控制一个危害。CCP 或 HACCP 是由产品或加工过程的特异性决定的。如果出现工厂位置、配合、加工过程、仪器设备、配料供方、卫生控制、其他支持性计划或用户的改变，CCP 都可能改变。

3. 确定与各 CCP 相关的关键限值

关键限值（Critical Limit，CL）是区分可接受和不可接受水平的指标，就是指设置在关键控制点上的具有生物性的、化学性的或物理性的特征的最大值或最小值。这些限值是非常重要的，而且应该合理、适宜、可操作性强、符合实际和实用。如果关键限值过严，即使没有发生影响到食品安全的危害，也要求采取纠偏措施，则浪费人力、物力；如果关键限值过松，又会造成不安全的产品到了用户手中。

4. 关键控制点的监控

为了确保食品的生产加工始终符合关键限值，对关键控制点实施监控是必需的。因此需要建立关键控制点的监控（CCP Monitoring）程序。监控就是为了评估关键控制点是否处于控制之中，而对被控制参数所作的有计划的连续的观察或测量活动。企业应制定监控程序，并有效执行，以确定产品的性质或加工过程是否符合关键限值。监控的目的在于可以跟踪加工过程，查明和注意可能偏离关键限值的趋势，并及时采取措施进行加工调整，以使加工过程在关键限值发生偏离前恢复到控制状态；同时，监控记录可以用于验证。通常，监控程序包括了以下四个方面的要素：监控什么（What）、怎样监控（How）、何时监控（When）和谁来监控（Who）。

5. 纠偏行动

纠偏行动（Corrective Actions）是指在确定经监控认为关键控制点有失控时，即偏离关键限值或不符合关键限值时，在关键控制点上所采取的程序或行动。如有可能，纠偏行动一般应是在 HACCP 计划中提前决定。纠偏行动一般包括两步：第一步，纠正或消除发生偏离关键限值的原因，重新加工控制；第二步，确定在偏离期间生产加工的产品，并决定如何处理。采取纠偏行动涉及产品的处理情况时应加以记录。应当指定对加工、产品和 HACCP 计划有全面理解并可以做出决定的人员来负责实施纠偏行动。

6. 建立验证程序

验证是指用来确定 HACCP 体系是否按照 HACCP 计划运转，或者计划是否需要修改，以及再被确认生效使用的方法、程序、检测及审核手段。验证是最复杂的 HACCP 原理之一。验证程序（Verification Procedures）的正确制定和执行是 HACCP 计划成功实施的重要基础。HACCP 的宗旨就是防止食品安全危害的发生。而验证的目的就是提供置信水平，一是证明 HACCP 计划建立在严谨、科学的基础上，足以控制产品本身和工艺过程中出现的安全危害；二是证明 HACCP 计划所规定的控制措施能被有效实施，整个 HACCP 体系在按规定有效运转。一般地，验证由确认、关键控制点验证活动、HACCP 体系的验证、执法机构或其他第三方验证等要素组成。

7. 建立记录保持程序

建立记录保持程序（Record-keeping Procedures），是一个成功的 HACCP 体系

的重要组成部分。企业在实行 HACCP 体系的全过程中，须有大量的技术文件和日常的监测记录，这些记录应是严谨和全面的。HACCP 体系应当保存的记录包括体系文件、有关 HACCP 体系的记录、HACCP 小组的活动记录，以及 HACCP 前提条件的执行、监控、检查和纠正记录。

5.4.2　HACCP 体系的验证

HACCP 体系的验证是 HACCP 建立验证程序的重要因素之一。HACCP 体系的验证审核是企业自身进行的内部审核。对整个 HACCP 体系的验证应预先制定程序和计划。体系验证的频率为至少一年一次。当产品或工艺过程有显著改变或系统发生故障时，应随时对体系进行全面的验证。HACCP 工作小组应负责确保验证活动的实施。HACCP 体系验证包括审核和对最终产品的检测。

HACCP 体系的审核是验证在生产过程中是否达到生产安全食品的目标而进行的系统、独立的审核。审核是除监控手段之外，用于确定并验证企业是否按照 HACCP 计划运作所使用的方法、步骤或检测手段。通过审核所得到的信息可以用于改进和完善 HACCP 体系。

根据审核方不同可以将审核过程分为第一方审核、第二方审核和第三方审核。第一方审核又称为内部审核，是由组织（企业）或以组织的名义，对自身产品、过程、质量管理体系进行的审核。第二方审核是由与组织（企业）利益相关的一方（如顾客），或由其他人以他们的名义进行的审核。第三方审核是独立于第一方和第二方之外的一方进行的审核。第三方审核是为了确保审核的公正性，其与第一方和第二方既无行政上的隶属关系，也无经济上的利害关系，由具有一定资格并经一定程序认可的第三方审核机构派出审核人员对企业的质量管理体系进行审核。HACCP 体系的审核应包括对 GMP、SSOP、HACCP 计划的审核。

审核可以通过现场观察和复查搜集信息的记录，对 HACCP 体系的系统性作出评价。审核通常由无偏见、不负责执行监控活动的人员来完成，频率以能确保 HACCP 计划被持续地执行为原则。审核内容主要包括：检查产品说明和生产流程图的准确性；检查关键控制点是否按 HACCP 计划的要求被监控；检查工艺过程是否符合关键限值的要求；以及检查记录是否准确并按要求的时间完成等。记录复查则包含以下内容：监控活动的执行地点是否符合 HACCP 计划的规定；监控活动执行的频率是否符合 HACCP 计划的规定；当监控表明发生了关键限值的偏离时，是否执行了纠偏行动；是否按照 HACCP 计划中规定的频率对监控设备进行了校准等。

5.5 卫生标准操作程序

5.5.1 SSOP 概述

SSOP 的英文全称为 Sanitation Standard Operation Procedures，译成中文为"卫生标准操作程序"。它是食品加工企业必须遵守的基本卫生条件，也是在食品生产中实现全面 GMP 目标的卫生操作规范。SSOP 是为了消除加工过程中不良的因素，确保加工的食品符合卫生要求而制定的，用于指导食品加工过程中如何实施清洗、消毒和保持卫生状态。SSOP 的正确制定和有效执行，对控制危害非常有价值。

美国 21CFR Part 123《水产品 HACCP 法规》中强制性地要求加工者采取有效的卫生控制程序（Sanitation Control Procedure，SCP），充分保证达到 GMP 的要求，并且推荐加工者按照 8 个主要卫生控制方面起草一个卫生操作控制文件即 SSOP，并加以实施。

为了保证卫生要求的实施，企业需起草本企业的卫生标准操作程序，即 SSOP 计划。

加工企业建立和实施 SSOP，可以强调加工前、加工中和加工后的卫生状况和卫生行为。SSOP 应描述加工者如何保证某一个关键的卫生条件和操作得到满足，以及加工企业的操作如何受到监控来保证达到 GMP 规定的条件和要求。

加工企业应该保持 SSOP 记录，至少应记录与加工厂相关的关键卫生条件和操作受到监控和纠偏的结果。官方执法部门或第三方认证机构应鼓励和督促企业建立书面 SSOP 计划。

SSOP 计划应由食品生产企业根据卫生规范及企业实际情况编写，尤其应充分考虑到其实际性和可操作性，注意对执行人所执行的任务提供足够详细的内容。SSOP 计划一般应包含监控对象、监控方法、监控频率、监控人员、纠偏措施及监控、纠偏结果的记录要求等。

SSOP 计划描述了控制工厂各项卫生要求所使用的程序，提供了一个日常卫生检测的基础；对可能出现的状况提前做出了计划，以保证必要时采取纠正措施；同时为雇员提供了一种连续培训的工具。企业应确保每个人，从管理层到生产工人都理解与之相关的卫生标准操作程序要求。

5.5.2 SSOP 的内容

SSOP 主要涉及 8 个方面，即加工水（冰）的安全，食品接触面的状况与清洁，预防交叉污染，维护洗手间、手消毒间、厕所的卫生设施，防止食品外来掺杂物污染，有毒化合物（洗涤剂、消毒剂、杀虫剂等）的贮存、管理和使用，员工健康状况的控制，虫鼠的控制（防虫、灭虫、防鼠、灭鼠）。这 8 个方面均有对应的 GMP 法规的卫生标准。SSOP 是 GMP 中最关键的、食品企业必须遵守的基本卫生条件，也是食品生产中实现 GMP 全面目标的卫生操作规程。SSOP 强调食品生产车间、环境、人员及与食品有接触的器具、设备中可能存在危害的预防以及清洁措施，重点是生物性危害。

1. 加工水（冰）的安全

生产用水（冰）的卫生质量是影响食品卫生的关键因素。对于任何食品的加工，首要的一点就是要保证水的安全。食品加工企业一个完整的 SSOP 计划，首先要考虑的是，与食品接触或与食品接触物表面接触的水（冰）的来源与处理，应符合有关规定，并要求考虑非生产用水及污水处理的交叉污染问题。

2. 食品接触面的状况与清洁

保持与食品接触面的清洁度是为了防止污染食品。设备的食品接触面要保持良好状态，设备的设计、安装应便于卫生操作，表面结构应抛光或采用浅色表面，易于识别表面残留物，易于消除设备夹杂食品残渣；手套和工作服要保持清洁、良好。这些食品接触面应易于清洗、消毒。

3. 预防交叉污染

交叉污染是通过生的食品、食品加工者或食品加工环境，把生物的、化学的污染物转移到食品上去的过程。SSOP 操作程序中会防止发生交叉污染。

4. 维护洗手间、手消毒间、厕所的卫生设施

卫生设施的齐备和完好，可以为食品加工企业提供一个控制卫生、防止交叉污染的条件。

5. 防止食品外来掺杂物污染

食品加工企业经常要使用一些化学物质，如润滑剂、清洁剂、消毒剂、燃料和杀虫剂等，生产过程中还会产生一些污物和废弃物，如冷凝物、地板污物、下脚料等，要防止这些物质污染食品及食品包装。

6. 有毒化合物（洗涤剂、消毒剂、杀虫剂等）的贮存、管理和使用

食品加工企业使用的化学物质包括洗涤剂、消毒剂、杀虫剂、润滑剂、实验室用品、食品添加剂等，使用时必须小心谨慎，按照产品说明书使用，做到正确标记、贮存安全，否则可能会导致企业加工的食品被污染。

7. 员工健康状况的控制

食品企业的生产人员（包括检验人员）是直接接触食品的人，其身体健康及卫生状况直接影响食品卫生质量。对这些人员健康的控制，是 SSOP 中的一部分内容。

8. 虫鼠的控制（防虫、灭虫、防鼠、灭鼠）

苍蝇、蟑螂、鸟类和啮齿类动物带有一定种类的病源菌，如沙门氏菌、葡萄球菌、肉毒杆菌、李斯特菌和寄生虫等，通过害虫传播的食源性疾病的数量巨大，因此虫害的防治对食品加工厂至关重要。

5.5.3 卫生监控与记录

在食品加工企业建立了 SSOP 之后，还必须设定监控程序，实施检查、记录和纠正措施。

1. 监控和记录的必要性和基本要素

企业设定监控程序时应描述如何对 SSOP 的卫生操作实施监控；应指定由何人、何时及如何完成监控。

此外，企业对监控计划要实施，对监控结果要检查，对检查结果不合格者应采取措施进行纠正。对以上所有的监控行动、检查结果和纠正措施企业都要记录，通过这些说明企业不仅遵守了 SSOP，而且实施了适当的卫生控制。

食品加工企业日常的卫生监控记录是其重要的质量记录和管理资料，应使用统一的表格，并归档保存。一般记录审核后存档，保留两年。

卫生监控记录表格基本要素为：被监控的某项具体卫生状况或操作；以预先确定的检测频率来记录监控状况；记录必要的纠正措施。

2. 监控记录的主要内容

（1）水（冰）的监控记录

生产用水（冰）应具备以下 9 种记录和证明。

111

①每年 1~2 次由当地卫生部门进行的水质检验报告的正本。

②自备水源的水塔、水池、贮水罐等有清洗消毒计划和监控记录，采用城市饮用水应有水费单记录。

③食品加工企业每月 1 次对生产用水进行细菌总数、大肠菌群检验的记录。

④每日对生产用水的余氯检验记录。

⑤自行生产直接接触食品的冰，应具有生产记录，记录生产用水和工器具卫生状况，如是向冰厂采购，应具备冰厂生产冰的卫生证明。

⑥加工用水（冰）加氯处理记录。

⑦水的暂存设备的清洗消毒记录。

⑧申请向国外注册的食品加工企业，需根据注册国家要求项目进行监控检测并加以记录。

⑨工厂供水网络图（不同供水系统或不同用途供水系统用不同颜色表示）和管道检测记录。

（2）清洗消毒记录

清洗消毒记录是对食品接触面的清洗消毒执行情况的记录，以证明卫生控制的实施，防止污染食品情况的发生。清洗消毒记录包括以下内容。

①开工前、休息间隙、每天收工后，食品接触面清洗消毒记录。

②工作服、手套、靴、鞋清洗和消毒记录。

③消毒剂种类及消毒水的浓度、温度检测记录。

（3）表面样品的检测记录

表面样品是指与食品接触的表面，如加工设备、工器具、包装物料，加工人员的工作服、手套等。这些与食品接触的表面的清洁度直接影响食品的安全与卫生，也反映了清洗消毒的效果。表面样品的检测对象包括以下方面。

①加工人员的手（手套、工作服）。

②加工用案台桌面、刀、筐、案板。

③加工设备如去皮机、单冻机等。

④加工车间地面、墙面。

⑤加工车间、更衣室的空气。

⑥内包装物料。

检测项目为细菌总数、沙门氏菌及金黄色葡萄球菌等。经过清洁消毒的设备和工器具等的食品接触面的细菌总数，以低于 100 个 /cm² 为宜；对卫生要求严格的工序应低于 10 个 /cm²；沙门氏菌、金黄色葡萄球菌等致病病菌不得检出。

（4）雇员的健康与卫生检查记录

食品加工企业的雇员，尤其是生产人员，是食品加工的直接操作者，其身体的健康与卫生状况，直接关系到产品的卫生质量。因此，食品加工企业必须严格对生产人员（包括从事质量检验工作的人员）进行严格卫生管理。对其检查记录包括以下 3 项。

①生产人员进入车间前的卫生检查记录：检查生产工作人员工作服、鞋帽是否穿戴正确；检查是否化妆、手指甲是否修剪等；检查个人卫生是否清洁，有无外伤，是否患病等；检查是否按程序进行洗手消毒等。

②食品加工企业必须具备生产人员监控检查合格证明及档案。

③食品加工企业必须具备卫生培训计划及培训记录。

（5）卫生监控与检查纠正记录

食品加工企业应为生产创造一个良好的卫生环境，这样才能保证产品是在适合食品生产及卫生的条件下生产出来的，不会出现掺假食品、污染食品。监控与检查纠正是保证良好卫生环境的必要措施。

（6）化学药品购置、贮存和使用记录

食品加工企业使用的化学药品有消毒剂、灭虫药物、食品添加剂、化验室使用化学药品以及润滑油等。对化学药品的购置、贮存和使用应做好记录，以备查验。

5.5.4　SSOP 评价

SSOP 评价的内容及要求如下。

①食品加工企业是否有书面的 SSOP 计划书。

② SSOP 计划书是否由上级且具有权威的领导签发，发生变动时是否由原签发人审定并签字。

③ SSOP 计划书是否规定了负责每一项 SSOP 操作的工作人员，并有验证其履行工作职责的程序。

④ SSOP 计划书是否清晰描述了本企业每日生产前和生产过程中为确保食品不被污染而必须采取的清洁卫生措施及程序，是否规定了一旦某些卫生措施不起作用后所应采取的应急纠正和处理方法。

⑤企业是否有实施 SSOP 计划的记录，包括应急措施的记录。

5.6 风险分析与食品安全性评估

食品安全风险评估指的是对食品、食品添加剂中生物性、化学性和物理性危害对人体健康可能造成的不良影响所进行的科学评估。食品安全风险评估是在国际上通行的制定食品法规、标准和政策措施的基础。在食品安全风险监测体系持续优化的基础上，我国持续开展食品安全风险评估，并取得了新成效。

我国食品安全风险评估工作从无到有，其中的稀土元素风险评估结果填补了国际空白，科学解决了稀土元素在茶叶等食品中的限量标准问题；食盐加碘评估提出了进一步精准实施"因地制宜、分类补碘"措施的科学建议等，也为及时发现处置食品安全隐患和正确传播食品安全知识提供了有效的技术支撑。

食品安全风险评估不仅是国际通行做法，而且是我国应对日益严峻的食品安全形势的重要经验。食品安全风险评估可以为国务院卫生行政部门和有关食品安全监督部门决策提供科学依据，对于制定和修改食品安全标准和提高有关部门的监督管理效率都能发挥积极作用，对于在 WTO 框架协议下开展国际食品贸易有重大意义。食品安全风险评估是食品安全管理由末端控制向风险控制的转变，由经验主导向科学主导的转变。

在近几年发展进程中，世界食品贸易量持续增长，食源性疾病呈现出影响范围广、流行速度快的特征，食品安全也成为一个人类广泛关注的全球性问题。而食品安全风险评估是国际食品安全关注度日益提升背景下应运而生的一种宏观管理模式，对于解决食品安全问题具有巨大的意义。

食品安全风险评估在食品质量管理中的作用主要表现在以下三个方面。

1. 风险评估

食品风险评估是一个以科学理论和方法为基础进行风险评估的过程，包括食品危害识别、食品危害特征描述、食品危害暴露程度评估、食品风险特征描述四个环节。从本质上而言，食品风险评估主要是利用具体的方法，汇集现有资料信息，对潜在食品风险进行科学评估，并对不同食品风险特征进行具体描述。以含丙烯酰胺（聚丙烯酰胺前体物质，1950 年以来广泛用于水净化处理、管道内涂层、纸浆加工）的炸薯条、面包风险评估为例，可以依据我国颁布实施的《食品安全法》中规定的食品安全风险监测和风险评估制度，对食品中丙烯酰胺形成过程、食品中丙烯酰胺含量、人群丙烯酰胺可能摄入量进行逐一分析描述，确定含丙烯酰胺食品风险性，结论为低风险但具有一定神经毒性及致癌性。

食品风险评估是连接科学知识、食品质量管理措施的纽带，食品风险评估结果可以直接在食品质量管理相关政策制定中加以应用。一般来说，对不同风险特征进行描述是食品风险评估的核心部分，主要以数据为依据。但是在实际食品风险评估工作开展过程中，由于多种不利因素存在，食品风险评估经常会出现多种无法确定的结果。因此，在确定食品风险评估结果时，需要全方位剖析食品风险评估数据源、评估过程。

2. 风险管理

风险管理主要是在风险评估的基础上，由各利益相关方就备选食品质量管理措施或方案进行剖析，确定最适宜的食品安全风险预防、食品安全风险控制方案。食品安全风险分析中的风险管理过程主要包括食品安全问题识别、风险管理方案确定、风险管理措施实施、风险管理过程监控评估四个环节。其中，食品安全问题识别为初步风险管理活动，需要在明确食品安全问题性质的同时，对食品安全风险轮廓进行描述，随后确定食品安全风险管理目标，评判风险评估结果，划分风险等级，制定方案及措施，并判定是否需要进行再次风险评估或分析评估政策优化。

需要注意的是，在风险管理阶段，应以减少评估带来的危险性为主要目标，根据风险评估结果，选择恰当适时的方法，最大限度降低食品安全风险事故发生率。同时保证风险管理过程措施的一致性、公开透明性，对于食品中的不同危害类型，明确阐述其实施过程中的不确定性、各种变异性，并根据风险评估过程，进行科学信息的随时补充及详实文件记录。在科学信息补充完毕后，应进行再次审议、评估。

3. 风险交流

风险交流主要是指在风险评估全过程中，学术界、风险管理人员、风险评估人员、产业界、消费者等利益相关方就食品风险及其相关因素、风险认知等方面的信息、观点进行信息交互。风险交流的主要目标是促进各利益相关方积极主动地参与食品安全风险分析，强化各方对食品安全风险评估问题的认知，为食品安全风险评估过程整体效率的提高提供依据，进而提高风险管理决策制定的透明度、一致性，为食品质量管理决策顺利实施提供保障。从本质上讲，风险交流是食品质量管理决策制定的依据，也是对食品安全风险评估结果的进一步详细解释。

需要注意的是，在食品安全风险评估中的风险交流过程中，各利益相关方应多从科学广阔的视角入手，在公开、开放、透明的体系中，积极交流食品安全风险信息，为食品安全风险评估背景下食品的整体质量改善提供依据。

6 食品卫生、安全与质量监管

近年来我国发生了一些食品质量安全问题，使人们对食品质量安全越来越关注。因此需要加强对食品质量安全的管理，从源头上确保食品质量安全。本章先介绍了食品卫生、安全与质量监管的相关概念，并阐述了食品安全、食品卫生和食品质量三者之间的关系，接着介绍了美国、日本、欧盟等一些发达国家和地区的食品安全监管体系，然后介绍了我国的食品安全监管体系，最后指出了我国食品安全监管体系存在的问题，并提出了完善的措施。

6.1 食品卫生、安全与质量监管的相关概念

6.1.1 食品卫生、食品安全和食品质量的含义

1. 食品

按照通常的理解，供人类食用或者饮用的食品，包括天然食品和加工食品。

天然食品是指在大自然中生长的、未经加工制作的、可供人类食用的物品，如水果、蔬菜、谷物等。加工食品是指经过一定的工艺进行加工、制作后生产出来的以供人们食用或者饮用为目的的制成品，如果（蔬）汁饮料、大米、面粉等，但不包括以治疗为目的的药品。

在欧盟指令（EC）178/2002 中，食品被定义为：任何的物品或产品，经过整体或局部的加工，或未加工，能够作为或预期被人摄取的产品。

我国《食品安全法》第 150 条对食品的定义为：各种供人食用或者饮用的成品和原料以及按照传统既是食品又是中药材的物品，但是不包括以治疗为目的的物品。

我国 GB/T 15091—1994《食品工业基本术语》中对食品的定义为：可供人类食用或饮用的物质，包括加工食品，半成品和未加工食品，不包括烟草或只作药品用的物质。

2. 食品安全

我国《食品安全法》对食品安全作了狭义定义：食品安全指食品无毒、无害，符合应有的营养要求，对人体健康不造成任何急性、亚急性或慢性危害。

广义上讲，食品安全是指食品及食品相关产品不存在对人体健康造成现实或潜在侵害的一种状态，也指为确保此种状态所采取的各种管理方法和措施。

食品安全的概念常常与食品卫生、食品质量的概念交织在一起，因此，阐述食品安全的含义离不开对食品卫生、食品质量概念的理解。

3. 食品卫生

理解食品卫生的含义的关键在于如何理解卫生。卫生是指社会和个人为增进人体健康，预防疾病，创造合乎生理要求的生产环境、生活条件所采取的措施。根据《美国百科全书》的解释，卫生是健康状态的保持。在现代语言学上，卫生通常特指干净。良好卫生状态的外在标志是不存在看得见的脏污和恶臭气味。根据现代致病细菌理论的研究，卫生是指确保有害细菌保持在危害水平以下的各种活动。依据狭义的解释，食品卫生主要是指食品干净、未被细菌污染,不使人致病。

我国《食品卫生法》（现已废止）曾对食品卫生采取了广义的解释：食品卫生是指食品应当无毒、无害，符合应有的营养要求，具有相应的色、香、味等感官性状。专供婴幼儿的主、辅食品，必须符合国务院卫生行政部门制定的营养、卫生标准。

GB/T 15091—1994《食品工业基本术语》对食品卫生的定义为：为防止食品在生产、收获、加工、运输、贮藏、销售等各个环节被有害物质（包括物理、化学、微生物等方面）污染，使食品有益于人体健康所采取的各项措施。

4. 食品质量

质量，是指产品或工作的优劣程度。在《食品工业基本术语》中，食品质量是指食品满足规定或潜在要求的特征和特性总和，反映食品品质的优劣。可以看出，食品质量，是一个"度"的概念，是指食品的优劣程度，既包括优等食品，也包括劣等食品。

6.1.2 食品安全、食品卫生和食品质量的关系

1. 食品安全与食品卫生

在一般人的概念中，往往把"食品安全"与"食品卫生"视为同一概念。其实这两个概念是有区别的。早在 1996 年，世界卫生组织在其发表的《加强国家级食品安全计划指南》中，就把食品安全与食品卫生明确解释为两个不同的概念。食品卫生（Food Hygiene）是指食物链的整个环节上保证食品安全性和食品适宜性所采取的所有必需的条件和措施。食品安全（Food Safety）是指确保食品按照其用途进行加工或者食用时不会对消费者产生危害。可见，"食品卫生"与"食品安全"在概念上有很大的区别，食品卫生是保障措施和保证条件，食品安全是最终的目的。也就是说，食品安全是对最终产品而言的，而食品卫生是食品安全的一部分，是对食品生产过程而言的。同时，食品安全与食品卫生相比较，食品卫生具有食品安全的基本特征，包括结果安全（无毒、无害、符合应有的营养等）和过程安全，即保障结果安全的条件、环境等。

世界卫生组织在 1996 年的《确保食品安全与质量：加强国家食品安全控制体系指南》中对食品卫生的概念作了比较明晰的阐述："食品卫生是指为确保食品在食品链的各个阶段具有安全性与适宜性的所有条件与措施。"这个概念强调了食品安全是食品卫生的目的，食品卫生是实现食品安全的措施和手段。也就是说，在适于人类消费的目的上，食品安全比食品卫生高一个层次。

另外，日本、英国、法国等国家一方面制定食品安全法作为食品安全管理的基本法律，确定食品安全管理的框架；另一方面，食品卫生法仍被作为一项非常重要的食品安全保障制度，继续加强。这也反映了食品安全与食品卫生之间的关系是目的与手段之间的关系，但是仅仅是食品卫生还不能确保食品安全，食品安全包含了比食品卫生更广阔的含义。

（1）食品安全更加强调食品标签的真实、全面、准确

科学、规范、真实的食品标签对于食品安全具有十分重要的作用。食品标签内容的错标、虚标、漏标都有可能引起十分严重的后果。标签是说明商品的特征和性能的主要载体，是食品的身份证明。它通过标示食品名称、配料、净含量、原产地、营养成分、厂商（包括生产商、经销商）名称及地址、批次标识、日期（包括生产日期、保质期或最佳食用日期）、贮藏条件、食用方法、警示内容等有效信息，来引导消费并监督生产销售。食品标签的内容是厂商对消费者的一种承诺，不得以虚假的、使人误解的或欺骗性的方式介绍食品，也不能使用容易误

导消费者的方式进行标示。

食品标签有助于消费者检查食品质量，便于消费者投诉和政府部门监督检查，在食品出现问题时还有助于通告消费者停止食用以及有助于实现食品追溯制度和食品召回制度。不符合法规要求的标签存在食品安全问题隐患，但不一定存在食品卫生问题，因为可能存在标签不合格但符合卫生标准的食品。

例如，在符合卫生标准的食品中，若将含有糖分的食品标注为无糖食品，可能会给糖尿病患者带来危险；若将碘含量较低的食品标注为碘含量较高，在碘缺乏症比较突出的地区，就很可能导致安全问题；虚假标示了蛋白质、维生素、矿物质等的含量可能导致特定人群的安全问题。另外，对于尚未确定的是否对人体有害的食品，例如转基因食品，食品安全要求对其必须真实标示。

（2）食品安全更强调食品认证与商标管理

在食品认证与商标管理方面，假冒驰名商标、认证标志、原产地证明的食品可能符合卫生条件并对人体无毒无害，但这类食品危害了食品信用制度，侵害了消费者的知情权，这种行为如果不加以制止，最终必然导致伪劣商品盛行，危害食品安全。因此，对于以次充好、假冒的食品，法律上都认定其不符合食品安全标准，不论其是否符合卫生条件及是否对人体构成危害。

（3）食品安全更关注个体的差异性

食品安全还存在个体差异性。卫生的食品，对于一般人来讲是安全的，对特定人群来讲就是不安全的。例如，过敏问题。因此，对于可能引起过敏的食品，必须进行明确标注。

（4）食品安全更重视食品食用方法的特殊要求

食品安全还要求有正确的食用方法，例如，我国曾发生多起因吸食果冻而导致儿童窒息死亡的事件。标注正确的食用方法，也是食品安全的要求，食品卫生一般不具有此种含义。

（5）食品安全与食品卫生在公共管理方面的差异

在公共管理方面，食品安全与食品卫生还存在更多的差异。在食品安全公共管理中，食品安全是一个强调从农田到餐桌的全过程预防和控制、综合性预防和控制的概念，而食品卫生则是主要强调食品加工操作环节或餐饮环节特征，主要以结果检测为衡量标尺的概念。

食品安全的全过程预防和控制的理念落实在食品链的各环节中。在产地环境管理中，公共管理机构可以采取措施禁止在受到严重污染、不适宜种植食用农产品的产地环境种植食用农产品；在农业投入品管理中，可以采取措施在生产过程中禁止高残留、剧毒农药的使用，禁止高危害饲料及饲料添加剂、兽药的使用，并可以按照禁药期、隔药期的要求规范农药、兽药的使用；在动物疫病防治方面，可以在屠宰前将患有动物疫病的食源性动物进行无害化处理；在食品生产加工管理方面，可以使用 GMP、HACCP 等管理方法来消除非食品原料、化学非法添加物的存在；在食品安全流通领域，可以通过进货验收、出货台账、索证索票制度，确保流通领域的食品安全管理。食品安全的全过程预防和控制的理念还要求采取措施实现全程追溯制度（如食源性动物的免疫耳标标识制度）、产品召回制度等。这一方面可以迅速切断不安全食品的供应链，召回此类产品，另一方面还可以追究食品生产经营者的责任，强化对食品生产经营者的监督。

食品卫生强调的主要是结果检测，其预防性不如食品安全明确。食品卫生的要求是在食用农产品种植出来以后，或在染疫动物被屠宰以后，通过检测的方法判定其是否存在农药、兽药、有害重金属超标的问题，或是否存在动物疫病等问题，进而对这些已经被发现存在问题的产品采取措施进行控制，而对于生产过程中存在问题的产品，以及未经检测的大量产品却无法控制。这显然不符合"止恶于未萌之时"的公共管理理念。

同时，食品卫生也不具备综合性预防和控制的理念。而依据食品安全的综合性预防和控制的理念，食品安全管理应采取风险分析方法，进行食品安全监测，实行市场准入制度，坚持科学民主法制的原则，强调食品安全信用，加强食品安全宣传教育等综合性手段，实现食品安全的目的。

2. 食品安全、食品卫生与食品质量

质量是反映实体满足规定和隐含需要能力的特性总和。食品质量是由各种要素组成的，这些要素被称为食品所具有的特性。不同的食品特性各异。因此，食品所具有的各种特性的总和，便构成了食品质量的内涵。食品质量是指食品满足规定或潜在要求的特征和特性总和，反映食品品质的优劣。

关于食品安全与食品质量的区别，世界卫生组织在 1996 年《确保食品安全与质量：加强国家食品安全控制体系指南》中作了比较明晰的阐述："食品安全与食品质量在词义上有时存在混淆。食品安全指的是所有对人体健康造成急性或慢性损害的危险都不存在，是一个绝对概念。食品质量则是包括所有影响产品对于消费者价值的其他特征，这既包括负面的价值，例如腐烂、污染、变色、发臭，也包括正面的特征，例如色、香、味、质地以及加工方法。食品安全与食品质量的这种区别对公共政策有指引作用，并影响着为实现事先确定的国家目的而设立

的食品控制体系的本质和内容。"

综上可以看出，食品质量在很大程度上是一个"度"的概念，而食品卫生与食品安全一样，都是一个"质"的概念。也就是说，存在不卫生、不安全的食品，但不存在"不质量"的食品。进一步讲，食品质量的等级都应该是在卫生安全基础上的划分。在我国，食品质量与食品卫生的含义存在混淆，这很大程度上是因为，我国目前的标准体系中既存在食品质量标准，又存在食品卫生标准，两种标准都具有断定产品是否合格的功能。这样一来，产品"质量"在我国目前的话语中逐渐获得了产品是否合格的"质"的含义。

总之，从狭义上讲，食品卫生是指食品干净、未被细菌污染，不使人致病。食品安全是指食品及食品相关产品不存在对人体健康造成现实或潜在的侵害的一种状态，也指为确保此种状态所采取的各种管理方法和措施。与食品卫生相比，食品安全更加强调食品标签的真实、全面、准确，更强调食品认证与商标管理，更重视食品食用方法的特殊要求，更关注个体的差异性。食品安全与食品卫生在公共管理方面的差异也比较明显。而食品质量是一个"度"的概念，是指食品的优劣程度，既包括优等食品，也包括劣等食品。

食品安全指的是所有对人体健康造成急性或慢性损害的危险都不存在，是一个绝对概念。同时，食品安全是一个较食品卫生和食品质量更为全面的概念。从过去的符合卫生和质量标准到后来的符合安全标准，人们对食品的要求产生了一个质的飞跃。政府监管对食品安全的作用和意义是不容忽视的。当今时代，人们越来越寄希望于强有力的食品安全监管。

6.2 一些发达国家和地区的食品安全监管体系

6.2.1 美国的食品安全监管体系

1. 重要机构和重大法案

（1）重要机构

美国为了加强食品安全管理，专门成立有食品药品监督管理局（Food and Drug Administration，FDA）。

FDA 最初成立于 1862 年，当时它只是农业部的一个小部门，成员只有一名化学家；1901 年，FDA 的前身称"化学局"；1906 年，化学局改名为"食品与药品技术咨询委员会"，增加了调控职能；1927 年，更名为"食品药品和杀虫剂管理局"；1930 年，更名为"食品药品监督管理局"；直至 1940 年，FDA 仍隶属于农业部。现在 FDA 为直属于美国卫生和公共服务部管辖的联邦政府机构。

FDA 最重要的作用就是对本土以及进口的食品、药品、化妆品、兽药等进行监督和管理，同时也负责对公共健康法案的实行。在这个机构中，还另外划分了各个不同的职能部门。监管事务办公室（ORA）是管理中心，负责对所有活动的领导，该办公室通过以科学为基础的监管工作保证被监管的产品的合法性，保护消费者的利益。食物安全与营养中心，是检测食品、药品等是否符合安全要求的监管部门。其主要职责是对美国市场上 2/3 左右的国内食品和进口食品进行监管，同时也负责建立和修改食品标准，以及设置多数食品的营养标示情况等。

以下 3 个时间点对 FDA 来说是非常重要的。

① 1906 年，FDA 建立。在 1906 年之前，美国国内也面临着各种不同的食品安全问题，但是一直没有统一的机构和统一的法律去限制这些行为，直到 1906 年，FDA 作为美国联邦政府的一个重要的食品药品安全监管机构而建立。FDA 职能的重点就是要保证食品安全，其对检测的各类项目也都有明确的规定与限制。这对后来建立其他的监督管理部门具有一定的指导意义。

②美国在 1938 年，颁发了一部《联邦食品、药品和化妆品法案》。该法案是美国数十年来的基本法，甚至世界其他发达国家在这方面的法律体系也或多或少地吸取了这部法案的相关内容。在这部法案中，对没有检测通过的产品是严格禁止的。同时，这部法案规定，包括除了肉类、家禽以外的食品、药品、化妆品等，在进口和出口时必须接受美国的检查，且这些产品必须附有英文说明及可信的标识。除此之外，美国在从其他国家进口时，也必须要对产品进行检测，只有满足要求后，才能被允许在国内市场销售。随着时间的推移，这部法案也在不断完善，至今在全世界范围内，都可以称其为最完善、最详细的法律文件。这部法案的制定和通过也成为美国法律体系上的代表性法律文件。

③ 1962 年，美国国会通过了食品、药品和化妆品法案的修正案。新法律对所有新药和旧药都提出了有效性证据的要求，要求在药品标签上披露副作用信息，且药品公司应保留所有自家药品的不良反应记录。

可以说，以上这 3 个时间点对于完善食品安全管理具有关键意义。

美国在各个州之间，还有单独的食品安全管理体系，但是每个州之间的法律又都是相互独立的，互不干涉。同时各个机构也相互合作，都能够为美国的食品安全管理做出重要贡献。

（2）职能权限

美国卫生与公共服务部负责所有食源性疾病的调查与防治，维护国家范围内由于食品传染造成的疾病控制，研制快速检验导致疾病的微生物病菌的方法，并且能够研究病菌，找到预防抵制病菌的方案，控制疾病的发生或扩散。

美国农业部负责对鲜果、蔬菜还有肉禽蛋奶进行管制，检验水果、蔬菜和其他植物，并执行动物福利法案以及处理伤害野生动植物的案件，保护和促进美国农业的健康发展。同时，农业部也负责对杀虫剂等的用量进行控制，以及虫害防治的无公害方法研究。

美国国家海洋和大气管理局负责鱼类和海产品的监管，检测鱼类和海产品及相关产品在生产、加工、销售过程中环境的卫生状况。

美国海关总署负责保证所有进、出口的食品符合美国的法律、法规和标准。

2. 重大法案

（1）纯净食品和药品法案

1906年，美国《纯净食品和药品法》颁布。

该法案禁止在州际间运输"掺杂"食品，违者将被处以没收货物的惩罚。这里的"掺杂"是指添加了填充剂从而导致"质量或强度"受损的行为，通过着色掩盖产品"破损情况及低劣质量"的行为，加入添加剂从而导致"用户健康受损"的行为，以及添加"肮脏、腐败或腐臭物质"的行为。

该法案也对跨州销售的"掺杂"药物施以类似的处罚，这里的"掺杂"是指该药物中活性成分的"强度、品质和纯度指标"未在标签上标明，或未出现于《美国药典/国家处方集》（USP/NF）中。

该法案亦禁止食品和药品标签的滥用。

尽管该法案在当时有其一定的局限性，很多人认为其在惩戒方面力度太小，对于生产缺陷食品的企业震慑作用不大，但其在整顿美国整个医药市场、维护消费者健康方面还是具有非常重要的意义的。

美国在食品安全管理上的体系化建设可以追溯到纯净食品的安全管理上，在这之前，大多数的食品安全监管法律都是在殖民时期制定好的。那时的美国并没有一个完善的、能够通用的监督食品安全的法律体系。

（2）食品安全现代化法案

随着经济和社会的发展，美国在食品安全的管理上，也是在不断改进与完善的。美国总统奥巴马于2011年对原来的食品安全管理办法进行了修订，从而确立了一部新的法律文件——《美国食品安全现代化法案》。此次修订是历史上第一次，主要的原因有以下几个方面：①当时美国因为食品的微生物病菌的管理控制不够严格，导致其每年在食源性疾病上的国家财政支出超过数亿美元，而其中受到疾病影响的人数也达到了百万人之多，住院人数也达数万，且每年的死亡人数也远远超过其他国家，这些问题对于美国食品安全法律法规的内容和实施提出了更高层次的要求。②美国国内本土生产的食品以及由国外进口的食品在不断更新，而美国食品安全监管在相应的检测办法以及标准上有所滞后。③监管执行人数相比监管企业数和食品量严重不足。因此，美国才对原本的法律文件进行修订，目的是与美国的实际发展情况相适应。

这部法案的实施对于美国当时因为食源性疾病的爆发而造成的经济损失是有抑制作用的。根据该法案，食品监管重心从过去的事后预防为主转移到事前预防为主，并且该法案制定了一套完整清晰的监管框架来监管食品安全，这对于以前的监管体系具有显著的改善。

新法案颁布的意义在于这部新法要求关注的重点是预防，食品检测是为了避免风险。同时，美国政府赋予了食品安全管理机构相应的法律权限，目的是加强食品在生产到销售整个过程中的安全监督，实现预防为主的风险规避方案。

新法案规定，境内外的所有食品在入境检测时都必须按照国内的相关安全管理标准执行，尤其是一些生鲜以及果蔬等更有可能受到污染，所以在这些食品上，更要加强监督与管理，以更加科学的管理标准进行。新法案要求食品进口商必须提供检验报告以确定国外食品供应商为了保证食品的安全而在食品生产、包装、运输等方面采取了充分的预防措施。监督管理总局还可以与其他州的安全管理机构相联合，共同商议对进口食品进行安全检测。

新法的修订与颁发对于推进美国食品安全管理具有非常重要的意义。面对食源性疾病的发展越来越快的情况，它的实施对于控制这一局面具有很好的抑制作用。并且该法案的通过赋予了监督管理局更多的权力去制定和实施一系列政策和措施，有助于提升监督管理局的监管能力和监管效率，使美国在安全管理方面更加全面与完善，也使检测的结果更加具有可信度。

3. 自我监管和强制性赔偿制度

自我监管主要指企业应用 HACCP 体系进行自我管理。HACCP 即危害分析和关键控制点，该体系包括食品危害程度与影响因素两部分。企业只有全面评价危害程度，找到产生危害的主要影响因素，才能实现管理的作用。

HACCP 来源于美国，但是一开始只是美国国家航空航天局（NASA）为了太空计划的研究而提出的，后来在美国得到迅速推广。1971 年，FDA 开始将 HACCP 在食品企业中运用。1973 年，在食品安全管理上，FDA 针对罐装食品提出了针对性的安全管理办法。20 世纪 80 年代，由于美国的食品安全事件频繁发生，消费者要求政府采取一定的措施来保证食品的安全，在这种情况下，体系管理再次得到了广泛的关注。尤其是 1985 年，美国国家科学院食品保护协会发表的一篇报告中指出，食品生产者和销售者都应该运用体系，因为这种系统的实施能够有效监管食品安全。同时，为了能够使食品监督管理机构在食品安全管理上更加发挥指导作用，在整个行业内都鼓励运用预防管理体系。之后，为了能够对食品安全危害的程度进行可行的评判，同时为了能够找到关键的影响因素，并针对这一问题找到解决办法，食品企业建立了检测管理体系，HACCP 作为一种控制体系，保证食品从生产到销售整个流程的安全管理。相较于传统的食品预防体系，HACCP 体系能够鉴别现有的危害、预见潜在的危害和控制显著危害，有助于食品从业者更好地监控自己的产品，更好地规范自身的行为。

惩罚性赔偿主要针对那些加害人主观上有严重过错、恶意或根本无视受害人合法权益的行为。惩罚性赔偿制度是美国维护食品安全的一把利剑。

以下是一个惩罚性赔偿案例。1992 年，美国一个消费者在麦当劳买了一杯咖啡，发生泼洒而被烫伤。法院判决麦当劳赔偿 286 万美元。之后，麦当劳在咖啡杯的醒目处提示顾客"小心烫伤"，咖啡温度也降到了 70℃左右。

4. 缺陷产品召回制度

有些产品是存在质量问题的，为了能够尽可能地降低对消费者的影响，需要产品召回制度。产品召回制度是政府相关部门依据法律法规和行政规定，去监督生产和销售有缺陷产品的企业，使这些企业在生产和销售有缺陷的产品时进行自愿或者强制召回、改进缺陷产品以消除产品缺陷的一种行政管理制度。

缺陷产品的召回制度最早出现在美国，美国政府规定，对于生产缺陷汽车的厂家，车厂有权利也有义务召回缺陷汽车，免费进行修理，并且定期公布汽车召回信息，将相关的情况报告给政府交通管理部门和消费者，以使消费者能够及时了解缺陷信息，使存在问题的产品被召回。

如果存在问题的产品流入市场，可能会对消费者的合法权益造成影响，甚至在严重的情况下，还会对社会的稳定造成影响。召回制度是为了能够尽可能降低在这一方面的影响。通过这一制度，任何人可以在发现问题时，及时给监管部门反馈，这样才能尽可能降低危害。

美国食品安全是需要强制实施的，要求只要食品企业明确自己生产的产品会对消费者造成伤害时，应当主动或者由政府强制食品企业从消费者手中召回并予以更换，或者采取赔偿等有效的措施。

在美国对于食品安全的管理上，召回的类型主要分为两种类型。

（1）自愿召回

这种召回方式是指生产企业在发现自身问题时，能够从消费者的角度考虑，主动召回存在问题的产品。

（2）强制召回

强制召回是政府要求生产企业召回而企业不予召回时所实施的强制性的措施。

这两类形式负责的部门是不同的，但是它们在整个过程中都承担着非常重要的职能。

在美国食品安全管理上，在食品召回时需要按照相关的标准流程执行，主要包括以下流程。

①食品企业提交报告。食品生产商、销售商在发现食品存在安全问题时应当主动提交问题报告。这时候食品并不一定被召回，是否召回食品取决于企业的危害风险评估报告。

②进行危害风险评估。企业一旦根据检测结果，知道食品有可能造成的影响，以及影响程度，就需要制定召回计划。或进行危害风险评估后，相关机构确认问题报告中的食品确实存在危害并要求召回，生产企业应该停止继续生产缺陷食品，制定召回计划，及时召回具有缺陷的食品。

③实施召回计划。经过审查之后可以确认执行召回的，企业按照要求召回产品；而对于部分不予配合的企业，相关机构可以强制要求召回。

缺陷食品召回制度首先涉及消费者的健康安全，同时也关系到食品生产者和销售者自身的利益，再者对于社会的良性发展具有重要的作用。民以食为天，食以安为先。消费者是主体，市场交易要考虑到消费者的利益，采用缺陷食品召回制度，可以最大限度地减少食品缺陷为消费者人身安全所带来的危害，将危害降到最低。需要注意的是，食品企业的生产安全是保证食品质量的关键，所以应该加强对企业的强制性管理，这样才能切实有效地保障食品生产的安全。

5. 食品安全信息公开

自美国针对纯净食品的安全管理颁发第一部法律起，食品安全就已经受到了美国的重视。美国在不断完善相关法律体系的建设，也在不断加强各个食品安全管理机构的建设，其最终目的都是能够最大限度地维护消费者的利益。而通过食品安全监管体系能够将食品信息公开，可以增加消费者的信赖，使消费者能够放心消费。

企业对食品的安全管理需要严格按照相关法律规范进行，并且还要在相关机构的监督下进行。只有这样才能保证食品的安全，逐步使消费者信任食品生产企业。

美国在食品安全管理上专门颁发了相关法律文件，其中涉及了方方面面，不仅包括检测内容、检测方法，而且包括检测结果的处理办法，还涉及了食品相关信息的登记、生物科学技术等。公民申请想要获知具体信息，需要按照相关法律文件的要求进行。但是也存在一些例外，比如一些涉及政府食品安全机密的要求，以及公开食品企业机密信息的要求是不被允许的。美国政府对食品安全信息的披露非常重视，所以为此还针对性地建立了一个全球化的网络信息管理系统。基于这个系统，消费者能够直观地看到食品的相关信息，甚至还包括了风险等级，这样消费者才能在完全自主的条件下选择食品。同时，美国政府网站还开通了信息平台和电话热线，消费者可以将发现的问题、自身的建议及意见及时反映给食品安全监管机构。此外，政府应加强媒体参与管理，有效引导舆论导向，加强信息的准确性，确保媒体不炒作新闻、不制造轰动效应而谋取利益，以免造成消费者的恐慌。

美国不仅制定了一系列关于食品安全的法律文件，为了能够进一步保护消费者的合法权益，美国又进一步提出了更为全面的法律体系。在此之前，美国的很多行政单位由于不受监督，所以运作的透明度不高，行政机关的腐败丑闻时有发生。人们感到应当从宪法和法律上确认知情权的重要性，希望政府积极在相关方面做出调整。1946 年，美国颁布了《美国联邦行政程序法》来确保大部分公民可以参加到政策抉择中，确保公民的知情权。为此，美国在这一方面做了长期的努力，颁发了各种不同的法律文件，只是希望消费者在购买时能够对食品有所了解，能够确保消费者对信息的明确，充分保护消费者的利益。

6.2.2 日本的食品安全监管体系

日本非常重视食品安全，其食品安全监管体系较为完善。下面从法律法规、监管主体、标准体系、监管机制和保障制度五个层面对日本的食品安全监管体系进行分析。

1. 法律法规

日本 1947 年制定的《日本食品卫生法》是日本食品领域的重要法律，经过若干次修订，其内容日趋丰富。但《日本食品卫生法》主要是从卫生角度对食品生产过程进行监管，且涉及范围不够全面。为了加强流通、销售、消费等不同环节的食品安全监管，实现"从田间到餐桌"的全程监管，2003 年 3 月，日本当局通过了《日本食品安全基本法》，明确了食品安全各相关方的责任。《日本食品卫生法》和《日本食品安全基本法》是日本食品安全监管制度的核心法律。以这两部法律为基础，日本出台了一系列配套法规。

（1）农业立法

《农药取缔法》和《肥料取缔法》明确了农药和化肥的使用标准，规范了农药、化肥等农业生产资料的使用；《转基因食品检验法》和《转基因食品标识法》对日本进口的转基因农产品和食品的质量检验及其标识方法分别进行了明确规定。

（2）畜牧业立法

《屠宰场法》和《家禽法》明确规定了日本厚生劳动大臣与农林水产大臣的质量监管职责；《BSE 法》确定了牛肉及其制品的全过程追溯制度。

（3）食品标识方面的立法

《日本食品标识法》统一规定了农产品、食品的具体标识要求，规定了标识的识别、更新和溯源等方面的操作细则；《健康促进法》对食品健康方面的广告和宣传进行了全面规范。

日本的食品法律法规具备的特点如下：①以国民健康的有效保障为根本价值，将保护国民健康作为《日本食品安全基本法》的立法宗旨和最高目标；②注重食品安全监管的实效性和灵活性，通过设立食品安全委员会，杜绝因协调不当而引起的监管空白，对农林水产省和厚生省的安全监管进行统一调控，实现一体化的宏观控制；③设置严厉的食品安全惩罚措施，确保食品安全责任与危害性相匹配；④法规全面，法律法规与安全标准相辅相承，各部分科学分工。

2. 监管主体

日本食品安全的监管主体包括中央政府、地方政府、行业协会、食品生产经营企业和消费者多个层级，不同层级的监管主体具有不同的监管职责。

中央政府的食品安全机构包括农林水产省、厚生劳动省、食品安全委员会以及消费者厅，前两者为食品安全规制部门。农林水产省下设消费安全局，负责制定农产品的产品标准及生产阶段的风险规制，负责生鲜农产品生产和初加工阶段的安全监管以及农产品的质量安全调查；厚生劳动省的医药食品局下设食品安全部，主要负责制定残留农药规格和标准，食品添加剂以及食品在加工、流通环节的安全标准，并进行检查和监督，同时负责进口食品的监管；食品安全委员会主要负责分析食品风险并进行评估，其职责是根据相关政策进行风险评估、风险管理和监督，同时在政府监管机构、生产经营者和消费者之间开展风险信息的沟通；消费者厅负责消费者维权的相关事务，站在消费者的立场实现食品安全监管，维护消费者权益。

地方政府不具有立法权，其职能是根据国家的食品安全标准和相关监管规定，对辖区内的食品安全进行监管。

行业协会是一种非政府组织的形式，其职责是在政府制定规制政策的基础上提升相关规制水平，并充当政府与消费者之间的桥梁。

食品生产经营企业实行自我规制，在生产加工过程中全面公开安全生产状况，并在发现食品安全隐患之后主动、及时召回相关食品。

消费者通过多种方式参加食品安全监督，快速反映食品安全风险，防止相关风险的进一步扩散，从而保障自身权益。

日本食品安全监管主体的特点如下：①设立了负责分析评估食品安全风险、宏观调控的食品安全委员会；②部门职责分工分为食品和农产品两大类，以品种监管为主，由两大部门监管；③食品安全委员会负责对食品安全进行风险评估，与负责食品安全规制的相关机构相互独立，能有效地对食品风险管理规制者进行监督；④设立消费者团体诉讼制度，充分发挥消费者的作用。

3. 标准体系

日本依托其强大的经济实力和科技实力，根据食品安全监管的需要，建立了范围广、数量大、数值严、更新快、内容完善的食品安全标准体系。日本在对食品生产环节的全过程法律法规解读的基础上，制定了实用性强的食品安全标准。日本的食品安全标准从国家、行业和企业三个层级进行划分。

国家标准主要聚焦于农、林、畜、水产品及其加工制品等。农林水产省的职责是制定农产品的产品标准。厚生劳动省的职责是制定食品卫生方面的标准，包括食品添加剂的卫生标准、出口食品检验标准、农药残留标准以及各种新技术加工食品的卫生标准等，同时这些标准也适用于进口食品。肯定列表制度是厚生劳动省依据《日本食品卫生法》制定的一项重要制度，主要对生产过程中饲料添加剂以及生产后残留化学物质的限量标准做出明确规定，分别对不同的农兽药、饲料添加剂等做了标准制定；《食品添加剂公定书》对日本生产使用食品添加剂的安全标准以及有机农业和相关农林产品的食品标签等做出了规定。

行业标准是在国家标准的基础上，由相关协会和团体对具体的行业做出的详细的补充规定。

企业标准是日本各个株式会社对操作过程和相关技术做出的规制。

由此可见，日本的食品安全法规与标准数量较多，从上至下形成了遍布各个层级的较为完善的法规与标准体系。

另外，为了应对各种新情况，食品安全委员会可以通过风险分析评估，对规制机构提出标准更新的要求；消费者在发现不合时宜的标准或条例时，也有权向规制部门进行情况反馈，达到共同完善日本食品安全标准体系的目的。

日本食品安全标准体系的特点如下：①日本法规较全面，标准数量较多，标准与法律法规结合紧密；②法规标准的制定以风险评估为基础，体现全过程控制；③条款修订比较频繁，且全民共建，能较好地适应新的情况和实际需要；④实行肯定列表制度，明确饲料添加剂与残留化学物质在食品中的限量标准。

4. 监管机制

为有效监管食品安全，日本建立了较为完备的食品安全监管机制，主要包括食品安全多主体协同监管机制、食品安全可追溯机制、食品安全风险交流防控机制。这些机制相互作用，在日本食品安全监管的过程中发挥了卓越效能。

（1）食品安全多主体协同监管机制

为充分发挥各方作用，日本构建了食品安全多主体协同监管机制。日本的规制权主要集中在农林水产省和厚生劳动省两个部门。前者是生鲜农产品生产和初加工阶段的食品安全规制部门，后者则是食品加工、流通环节的规制部门，由这两个部门共同负责食品安全风险管理；食品安全委员会是在内阁府设置的独立机构，负责食品安全风险评估；行业协会通过向政府规制部门提出建议，促进政府规制机构变革管理方式和管理手段，达到规范食品市场的目的；食品生产加工企业严格自律，实行自我规制，能有效保证食品的安全性，降低政府规制成本；身为食品安全的直接受益者，消费者是食品安全规制的主体之一，可以通过多种诉求渠道表达自己的意见。

（2）食品安全可追溯机制

《日本食品安全基本法》第4条明确规定，食品安全法需保障食品供给各环节的安全。为了突出法律规定中体现的食品安全全程监管的理念，日本充分学习借鉴国际上食品安全全过程质量控制的经验，建立了"从农田到餐桌"的食品安全全程可追溯质量保证体系。食品从原材料开始进行编码，相关编码伴随食品生产、加工、流通以及仓储至销售的所有步骤。如果食品安全出现问题，通过相关编码就能在食品安全追溯系统中对各个环节进行排查，从而追溯到出现问题的源头。

从日本推动食品安全可追溯机制建设的发展历程来看，日本政府主要采取了先易后难、分步实施的策略。其主要做法是：①通过条码、特有的 ID 标签、互联网等 IT 技术建立起一一对应的可追溯标识，先试验示范，然后再逐步推广；②制定全国统一的食品可追溯系统操作方针，规定不同产品可追溯系统的基本要求，制定不同产品生产、加工、流通阶段的操作指南；③结合强制性与自主性双重原则，对食品安全相对严重或事关国民生命健康的重要产品采取强制性要求，对于其他一般产品则遵循自主性原则，最终在整个食品行业对所有食品实行可追溯制度。

（3）食品安全风险交流防控机制

实施该机制的前提是建立食品安全风险从评估、管理再到风险交流的三重机制。

食品安全风险评估机制主要包括三个方面的内容：①由食品安全委员会负责全国食品安全风险的评估和分析，并对重大食品安全事件进行调查；②由消费者厅监督食品安全规制部门，并在监管部门、食品生产经营企业、消费者之间建立食品安全信息沟通和风险交流机制；③通过法治化保障机制明确食品安全委员会的地位、职责和功能。

厚生劳动省、农林水产省和消费者厅共同负责食品安全风险管理，主要包括三种规制：①组织性规制，通过组织机构的创新强化实现对食品安全规制职能的拓展和职责的细化；②信息化规制，强化食品企业的信息公开、信息披露和信息共享，避免因食品安全信息不对称而引起规制失灵；③程序性规制，通过引入 HACCP 体系、可追溯机制、食品流通身份证制度等，从风险源头入手，动态监控食品安全。

食品安全风险沟通机制注重企业、媒体、专家和消费者等多主体的双向互动，其内容涉及三个方面：①强化对食品企业的风险沟通，加强多主体的沟通、协调与合作；②重视对公众食品安全风险素养的提升，加强公众的食品安全风险意识形成，提高其食品安全风险识别的敏感度；③加强与媒体开展食品安全风险沟通，提高媒体对食品安全风险把控的专业度，让媒体更加频繁地参与到食品安全风险规制和危机应急中来，发挥其作为媒介的特殊用途。

日本主要监管机制的特点如下：①多主体协同监管机制，能够发挥不同主体的作用，形成合力，为食品安全规制提供有效的组织保障；②食品安全可追溯机制的推进策略切合实际，操作性强；③食品安全风险防控机制体系完整，内容全面。

5. 保障制度

（1）严格的责任追究制度

在日本如果出现食品安全方面的问题，食品生产企业将受到致命打击。日本因食品安全事件曝光而倒闭的企业有很多，且企业对其引起的后果承担无限连带责任，相关责任人员也将受到惩处。同时，政府监管人员将受到严格的责任追究和极其严厉的处罚。监管部门发挥各自的职能，相互制约，相互合作，如出现了食品安全问题，直接监管者将被追责，且其承担的责任要高于其他监管主体。

（2）问题食品召回制度

《日本食品安全基本法》用法条确定了消费者至上的理念，食品召回是其中的一项内容。日本的食品召回有两种模式：一种是强制召回，属于国家行政权力，召回主体是食品安全委员会，但厚生劳动省对进口食品召回应给予配合；另一种是自愿召回，召回主体是问题食品的生产企业。在食品召回制度中，日本要求对食品的生产过程进行全程记录，以便在发生食品安全事故后能及时查明事故原因，及时召回问题食品。食品生产企业应严格自律，全面公布食品生产过程中的相关信息，如发现问题食品应主动及时召回。一旦监管当局发现食品安全存在相关风险，将会在对问题食品进行评估和核查之后，第一时间对相关产品进行召回并销毁，以将风险和危害降到最低程度。

（3）公众参与监管的制度设计

日本国民的食品安全意识比较强，能积极主动地参与食品安全的监管。为发挥消费者的作用，内阁设立了消费者厅，委员会由不同领域的消费者代表构成。消费者厅使消费者真正参与食品安全监管，以维护消费者的正当权益。同时，通过食品安全溯源制度，各利益相关者能及时了解和掌握食品供应链各环节的动态信息，从而有效地发挥各自的食品安全监管职能。公众参与监管的制度设计使消费者有机会全面了解食品供应链各环节的食品安全状况，确保消费者享有食品安全的真正"主权"，同时也有助于增强食品生产企业的安全生产意识，避免或减少问题食品的生产。

（4）食品安全教育理念

违规添加剂和放射性物质超标等食品安全事件，显示出有些食品生产企业的诚信缺失，使得消费者对食品安全的信任感缺失。为此，《日本食品安全基本法》在第 19 条中，规定了食品安全教育培训制度，要求各级政府将食品安全教育法制化，对包括生产者、经营者、消费者、监督者和从业人员等在内的参与者进行相关培训，强化其食品安全意识，确保所有主体能够各司其职，最大力度地发挥其监管职能。

食品安全保障制度的特点如下：①严格的责任追究体系有助于强化各责任主体的责任意识；②公众参与食品安全监管的制度设计能激发公众参与食品安全监管的主动性和积极性；③通过食品安全教育提高全社会的食品安全意识，形成全社会关注食品安全的氛围。

6.2.3　欧盟的食品安全监管体系

1. 法律法规

从"食品法律绿皮书""食品安全白皮书"到 EC178/2002 法令，欧盟经过数十年的努力，建成了一套以 EC178/2002 法令为基本法，多项法规、指令纵横协调的"伞"状食品安全体系，为欧盟在食品领域开展形式各异的监管活动打下了牢固的法律基石。具体而言，平行式立法包括覆盖所有的食品或者某一组食品的全方位的立法，如食品卫生、添加剂、标签、接触材料等；垂直式立法则是针对某一个产品或是适用于某一食品的全部相关的具体标准。

1997年的"食品法律绿皮书"是欧共体（现已废止，其地位和职权由欧盟承接）将公众健康作为食品安全监管首要目标的开端，这一阶段的欧共体已经将关注焦点转移至食品的质量安全方面，疯牛病的大规模爆发使得欧共体认识到不能仅将公众健康保护作为附属性目标，置于促进贸易自由最大化这一功利性目标之后，为此，"食品法律绿皮书"的出台更多地迎合了食品消费者、生产者、贸易者的心理期许，开始从立法层面探索用何种强制措施可以保证检查的权威和客观性。

作为欧共体食品安全立法的一个重要始点，"食品法律绿皮书"的主要贡献如下：①为公众、消费者提供较高程度的庇护，首次明确规定食品安全监管的核心目标是公众健康，而不再是内部统一食品市场的构建；②明确食品安全法务必以科学评测为基础；③推行以有效的官方管控为基础的 HACCP，为欧盟食品安全领域的国家治理提供方法基础；④要求食品法规应当合理简明、连贯易懂，且必须与相关利益方协商。

由于"绿皮书"对原则要求过于笼统，具体权责要求不明确，20世纪90年代的食品危机尤其是"二噁英"污染事件使欧盟认识到，食品安全监管必须依赖客观独立的监管机构发挥作用，因此，欧盟委员会于2000年发表了食品安全的"白皮书"议案。

"食品安全白皮书"对欧盟食品安全的治理进行了根本性的革新，旨在为欧洲公众健康提供最高水准保护的"白皮书"覆盖了动物健康保护、动物饲料、污染物、新型食品、添加剂等重要领域，所列明的保障措施囊括了"从田间到餐桌"的整个食品生产链条，所制定的行动方案内容具体、规划严谨，如建立快速预警机制、生产者责任准则、食品的追溯制度，以及建议设立食品安全局等。"食品安全白皮书"为欧盟在食品安全领域实施集中治理提供了行动蓝本，开启了欧盟食品安全监管国家治理的新时期。

2002年，以"食品安全白皮书"为基础，《欧盟食品通用法》即EC178法令作为欧盟食品法律体系的中枢得以诞生。该法对何为食品、何为食品商业、食品法律的范围效力、风险分析的内涵外延等多个食品安全领域的重要概念予以界定，对食品法律和食品贸易的一般原则做出规定，对食品安全管理机构的设立、快速预警机制、危机管理和紧急事件管理予以详细描述，为欧盟的食品体系起到了支柱性的作用。

除此之外，欧盟委员会、欧盟理事会、欧洲议会单独或联合批准通过的一些指令、决议等，也构成欧盟食品安全体系的组成部分，譬如欧盟有关动物检疫、底料安全、添加剂、转基因食品等方面的一系列EC、EEC指令等。

2. 标准体系

食品安全标准体系是食品安全监管体系的一个重要组成部分。欧盟的食品安全标准分类明确，分为产品标准、过程控制标准、环境卫生标准和食品安全标签标准四大类。其中，产品标准指的是对产品的规格、质量、构造与检测方法做出的规定，其主要对象为动物性、植物性、婴幼儿食品；过程控制标准主要包括食品微生物标准和食品添加剂标准；环境卫生标准是对食品制备、加工或者处理的场地规划和设计标准、运输食品的容器标准、食品接触的设备设施标准以及食品加工人员在个人清洁方面的卫生标准；食品安全标签标准是对食品包装上的各类图形标志及相关注释性文字的规范。

3. 监管主体

1996年之前，食品安全的监督管控工作主要由各种形式的委员会具体负责，包括常任委员会、科学委员会和咨询委员会。为兼顾各方利益，常任委员会的组成人员均为来自各成员国的代表；科学委员会必须由各学科的知名学者、科学工作者组成，以透明、独立和精英为工作原则，从而保证监管工作的独立客观；咨询委员会则由食品的生产者、贸易商和消费者等相关利益方代表组成。受限于委员会组织形式的随意和松散性质，这一阶段所采用的保障措施都是临时、暂定性质的，疯牛病的爆发揭示出该委员会组织形式和临时性措施的不足。之后，该委员会开始调整组织结构，成立了科学指导委员会，同时在其下设8个专业委员会，统一由科学指导委员会予以指导。2000年以后，在"食品安全白皮书"的建议下，食品安全局开始着手设立，独立责任、客观建议是该机构设置的核心所在。2002年，欧洲食品安全局得以成立，欧盟归并了原有的相关委员会，由食品安全局进行统一管辖。

现行监管体系下的主要职能机构有：欧盟健康和消费者保护总司，主要负责实行食品安全的相关指令和法规，其下设食品与兽医办公室，实施具体的监管工作；食品安全局，该局为独立的科学组织局，由管理委员会、科学委员会、咨询论坛及8个专家小组组成，主要负责为欧洲议会、欧盟委员会提供科学技术建议，进行危害分析并向公众征求建议等；欧盟食品链及动物健康常设委员会，该委员会属于规制性机构，其职责为制定涵盖整个食品链条的安全措施，欧盟委员会的相关食品立法活动必须咨询该机构的建议。

4. 监管机制

欧盟的食品安全监管主要包括以下几种机制。

（1）危害分析和关键点控制 HACCP 机制

HACCP 在欧盟得到了应用。实施该系统可以对原料、关键生产工序及影响产品安全人为因素的危害风险进行科学鉴定、评估，确定加工过程中的关键环节，从而建立、改进关于食品的监控程序与标准，进而采取和制定一系列解决措施。

（2）食品安全追溯机制

欧盟发布有 EC 178/2002 号法令，规定对家禽和肉制品实行强制性的可追溯制度，采用全球统一标识系统（EAN-UCC 系统）记载每个产品从源头生产到终端销售的详细信息，实现全程追溯。

（3）食品安全监测预警机制

欧盟建立了食品、饲料快速预警系统（RASFF），一旦成员国发现食品安全风险信息，系统及时通知欧盟委员会，经核查和评估后第一时间通知其他成员国，实现食品安全风险信息的充分交流，从而将损失降到最低。

下面着重对欧盟食品、饲料快速预警系统做详细介绍。

快速预警系统的构想最早出现于"食品安全白皮书"，当时欧盟试图基于网络渠道高效无阻、快速反应的特点，搭建一个可以提前警示风险信息的信息通报平台。2002年，EC178/2002法令的通过使得该信息通报平台得以搭建并运作，即食品和饲料快速预警系统。该系统衔接了欧盟委员会、食品安全局以及各成员国主管食品、饲料的职能部门。其运行机制如下：网络系统中的成员国，如果发现或者得知食品或动物饲料中包含某种对人体健康造成危害或者潜在威胁的风险时，有义务将此风险信息立即通报。通报途径有两种：①成员国根据自己对危险程度的预判，将风险信息通报给欧盟委员会，此事经欧盟委员会对该信息的危险等级、严重状况进行评估，继而再转发给其他成员国；②欧盟委员会将已掌握的危险信息予以通报，以警示成员国。食品安全局可以对通报内容进行科学补充和技术提示，为欧盟委员会提供科学的依据与建议。

该机制将通报的信息分为四类：①警示通告，针对已销售在成员国市场的、有危害性的、需当即采取安全措施的食品或饲料，由发现问题并采取措施的成员国负责通报，以提醒其他成员国预防类似事件或采取必要措施；②信息通告，主要针对危害性不大且已经确定，或者由于卫生原因被封存在欧盟口岸上的食品；③通告更正，是对以前所发出的通告予以更正的通告，包括通报原因、原产国等相关信息的更正；④通告撤销，是撤销类的通告，并对撤销的原因进行解释说明。

欧盟的食品、饲料快速预警系统以反应迅速、运行良好而备受好评。该系统要求通告内容不涉及具体的贸易者名称和相关信息，不仅达到了保护公众健康的目的，而且兼顾了贸易、信息甚至贸易者的利益。分析该系统的设立及运行要求不难发现，一个敏捷高效的预警系统必须具备以下条件：首先，建成和运作必须有法可依；其次，要存在一个统一的食品安全信息网络平台，集信息提供、分析、评测、发布、追踪和后果反馈于一体；最后，信息平台所联系起来的机构须各司其职、密切合作。

5. 保障体系

欧盟的食品安全保障体系主要包括两个方面：①建立风险评估制度，由欧盟食品安全局定期对食品安全进行风险评估，监测食品安全的风险水平；②建立食品召回制度，在食品供应链的各个环节进行监测，一旦发现问题食品，及时召回。

注重风险评估和科学建议是欧盟食品安全监管一直保持较高水准的原因之一。时至今日，食品安全局不仅在欧盟的食品安全监管体系中发挥了不可估量的作用，其科学家意见和评估结果甚至成为世界性的权威标准。为消除"疯牛病"事件所造成的监管信任危机，欧盟委员会发布"食品法律绿皮书"，科学的风险评估制度得以正式提出；此后，经"食品安全白皮书"的详细阐释及主体设置，风险评估制度初具模型；再经由 EC 178/2002 号法令的授权及认定，科学客观、卓越独立的风险评估制度最终建立起来。

查阅《欧盟食品通用法》第 24 及 28 条不难发现，真正提供风险评测和科学建议的机构是食品安全局下辖的科学委员会及科学小组。根据食品安全局的职责任务不难得知，若想取得欧盟委员会、成员国政府和欧洲公众的信任，科学委员会及科学小组就必须保证其发布的信息保持科学性上的卓越性、独立性以及全程的公开透明。为保证食品风险评估的客观公正，欧盟设计出一套严格的规章制度，用以约束科学委员会及科技小组的成员，包括严格的遴选制度、法制化规则制约等。欧盟通过《统一食品安全法》以及欧盟食品安全管理局制定的两个内部指引《成员的选择决定》以及《建立和运作决定》来法制化遴选制度。

除风险评估制度外，食品召回制度也是欧盟食品安全的重要保障。

6.3　我国食品安全监管的发展历程和不足之处

食品安全是关系国计民生的重要问题，近年来我国发生了一些食品安全问题，使人们高度关注食品安全监管。从目前的情况来看，我国的食品安全监管体系还存在诸多不足之处，需要有关部门予以重视，并结合我国国情积极采取有效措施对其进行完善，以提高食品安全监管水平。

6.3.1　食品安全监管的发展历程

改革开放初期的食品安全监管是一种试图平衡吃饱与吃好、商品经济与计划经济的监管工作。由于当时市场经济并不繁荣，我国食品安全监管体系的建设也处在初级阶段，对现阶段监管体制的研究没有太大的参考价值，因此不做过多陈述。

1993 年，国务院的体制改革撤销了轻工业部，成立了中国轻工业联合会，食品企业与轻工业主管部门正式分离，打破了政企合一的格局，食品产业获得前所未有的发展。本节从这个时间点开始分四个时期对食品监管体系的演变做陈述。

1. 第一阶段（1994—2002 年）

在这一阶段的前期，卫生行政部门是食品卫生的主要监管部门，负责食品经营单位卫生许可证的审批发证、日常的食品卫生监督检查检验、对食品违法行为进行行政处罚以及当发生食物中毒事故时对当事企业经营者采取临时控制措施等工作。到 2001 年，按照国家机构改革的要求，工商行政管理局开始承担流通领域的质量监督管理职能，同时农业部门负责种植养殖环节初级农产品的质量安全监管工作，这为后来的分段监管体制奠定了基础。

在这段时期的初期阶段，食品安全监管主要关注食品卫生水平，其监管目的是防止食品污染和有害因素对人体的危害；在后期阶段，食品监管的理念逐渐从食品卫生转变为食品安全。

2. 第二阶段（2003—2012 年）

随着经济和社会的发展，消费者对食品的利益诉求日益增长，除了满足果腹这一基本属性外，消费者还期待更多质量安全且营养丰富的食品。与此同时，食品产业也发生了巨大的变化，生产力的极大释放使食品行业形成了完整的产业体系。为了适应食品安全监管情况的新形势，2003 年机构改革中成立了国家食品药品监督管理局（简称食药局）。食药局在成立之初并没有在食品监管上的实质职责，所担负的责任主要是组织协调和宽泛意义上的综合监督。由于食药部门与其他食品监管相关部门是平级单位，在级别上对其他部门没有领导地位，因此并不能发挥其组织协调和综合监督的作用。为了解决这个问题，国务院于 2009 年 2 月 28 日通过《食品安全法》，重新划分了食品安全监管工作，形成了分段监管的局面。

在这段时期内，由于各个部门之间均是平级单位，对其他各部起不到领导和支配作用，因此出现多头执法和监管缺失现象。分段监管人为地将食品产业链分开，分散了各部门之间的监管权限，加大了执法和守法的成本。

3. 第三阶段（2013—2017 年）

为了解决分头监管的困境，2013 年 3 月国务院组建了新的食药局，将初级农畜产品以外的食品安全监管职责划归到食药局中，形成了以食药局及其派出机构为主，辅以工商、农业、卫生和畜牧等监管部门的监管体系。

在这一时期内，我国食品监管水平有了很大的提高，专管部门的设立提高了监管的效率，结束了"九龙治水"的监管局面。

4. 第四阶段（2018 年至今）

2013 年的机构改革虽然在一定程度上解决了食品安全监管体系过于分散的问题，但是依旧存在某些问题。例如，在执照办理方面，食品经营业户需要先去工商行政部门申领营业执照，才能在食药部门申请食品经营许可证的办理，两个部门之间信息沟通的不通畅使营业执照和食品经营许可证中间形成了办证的空白期，这不仅增加了经营业户办理执照的难度，而且使食品监管部门和工商行政部门在职责上形成相互掣肘的问题。从食品监管的实际工作来看，进一步整合监管权力，形成集中统一的监管体系是大势所趋。

为进一步整合监管力量，推进食品药品监管水平继续向前发展，2018 年我国决定撤销食药局，将其食品监管的职能划归到市场监督管理局中，使食品监管体系更加集中和明确。

6.3.2 食品安全监管的实施主体

现阶段我国食品安全监管体系涉及部门比较多，这些部门分别对食品产业各个环节行使监管职能。为了使监管工作有效执行，各个部门之间的横向关系需要进行协调。横向的关系主要体现在同级部门之间。由于监管体系中各部门均是平级单位，某一部门对其他部门没有领导和命令的权力，因此只能依靠协调沟通来联系不同部门。现阶段我国的食品安全监管体系中，市场监督管理局对食品的生产、流通和销售环节进行监管，农业部门负责食用农产品的监管，林业部门负责食用林产品的监管，水利部门负责食用水产品的监管，畜牧部门负责畜禽产品的养殖以及定点屠宰食品的监管。在食品的销售环节，公安部门有办理食品违法犯罪案件的权力。为了加强各部门之间的沟通协作，我国成立了食品安全委员会来行使统一协调的职责。

食品安全监管体系的横向层面不仅体现在不同部门之间，还体现在不同省（市、自治区）之间。得益于现代物流的快速发展，食品产业的产业链往往涉及不同的省份。初级农产品的种植养殖、成品半成品的加工生产以及食品的流通销售等环节可以在不同的地区进行，某一地区的某一环节出现问题，所生产的不安全食品就可能波及其他省份。例如，2006 年的"苏丹红鸭蛋"事件，其生产是在华北地区的某些小作坊，但是问题曝光却是在北京，整个事件涉及的省（市、自治区）包括广东、河北、山东和北京等，小小的鸭蛋造成了严重的食品安全事件。与部门之间的情况类似，各省（市、自治区）之间的横向协调同样存在着诸多困难和问题，不同省份之间的沟通协作还涉及各自的利益分配和地方保护主义，地区之间的有效沟通协作依然任重道远。

大部分食品安全工作的实际开展最终需要基层监管部门来落实。中央部门、省级部门、市级部门、县（区）级部门和基层监管构成了监管体系的纵向结构。在纵向结构上，中央部门主要负责食品宏观工作的统筹领导，制定相关政策和法律法规；地方部门执行具体的食品监管工作，负责行使监管权。在具体工作上，上级部门制定工作任务后通过监管体系的纵向结构传递到下级部门，下级部门按照工作指示根据本地区具体情况开展相应监管工作。

6.3.3 食品安全监管的不足

食品安全事件不仅会对广大百姓的饮食安全和身体健康构成严重威胁，而且会对一国的国际声誉、形象和对外经济贸易造成无法估量的负面影响。加强食品安全，做好食品安全监管，是对我国各级政府相关部门行政执法能力的严峻考验。

目前我国食品行业存在不少问题，导致食品安全监管的消极特征明显：①在食品生产经营方面呈现小、散、乱、杂现象，导致食品安全监管的难度较大；②监管部门实行的是分段监管体制，这种监管体制很容易出现监管盲区并浪费行政监管资源，同时监管人员职业水平偏低，监管手段亟待提高；③食品安全法律法规不健全，缺乏统一的标准，同时还存在着操作性不强、无法可依的现象。

1. 食品安全监管体制不健全

由于我国食品安全监管的相关法律制定较晚，中央与地方法规之间存在差异，这样的规则空隙就会让某些食品厂家钻空子。毋庸置疑，《食品安全法》和《食品安全法实施条例》的颁布，逐渐完善了我国的食品安全监督管理制度。但是由于食品工业行业的快速发展和法律制定的滞后性，还有个别类型问题并没有编入法律的管理范围。同时，随着近年来转基因技术、纳米技术、辐射技术等新技术的不断发展，问题食品的种类和来源愈发难以掌握。而不健全的法律法规体系会直接影响食品安全法律法规的落实，严重制约食品安全监管工作的有效实施。我国的食品安全监管体制有很多不完善之处，主要体现在以下几点。

①食品监管体制为多部门分段监管，这种分阶段监管体制从形式方面看每个阶段都有监管，但在实际生活中，难免会暴露出部门职责交叉、权责不明、监管漏洞等内在缺陷。

其一，食品"从农田到餐桌"是复杂的过程，只要一个监管阶段不合格或者监管不到位，就可能导致严重的后果。多部门分段管理，必然导致不属于自己部门的食品问题不会被惩罚，也没有权限去审查、惩罚，最多是建议或提醒相关部门注意，但是这种建议或提醒的效力会大大降低，从而导致不合格乃至有毒有害的食品或食品相关产品逃脱监管，从而流入市场，出现在老百姓的餐桌上，最终危害人们身体健康，甚至可能造成不可估量的后果。

例如，在"三鹿奶粉"事件中，患有"肾结石"的孩子在2008年首次被发现。其父母报告说，他们的孩子曾长期食用三鹿集团生产的婴儿奶粉，随后在该奶粉中发现了化工原料——三聚氰胺。该事件影响恶劣，之后国家加强了对奶粉制造行业的监管。

其二，法律规定虽然明确，但在现实行政执法过程中，监管权利职责交叉不清，执法部门自由裁量权限过大，容易形成有利于部门利益的"都去管"的现象，从而造成行政资源的浪费，而对责任相当大的问题就可能出现无人管的地带，使不法分子成为漏网之鱼。

②食品安全的监管范围不完整，监管的目标不明确，相关食品监管法律法规过于分散，仅限于一些原则的规定，操作起来不实用，对食品质量安全的生产经营缺乏全方位的监管立法。食品安全监管立法不完善，缺乏具体的监管实施细则，食品安全事故就难以得到有效控制。

例如曾经发生的"三鹿奶粉"事件，其根本问题就是奶粉中添加了三聚氰胺，而我国当时的食品安全标准中并没有关于三聚氰胺之类的非食品添加剂的操作标准及流通标准。

2.行政执法流于形式

政府多个部门的共同监督和各自的业务范围容易导致监管真空地带。各级地方部门按照各级直接部门的要求，将食品安全行业整体分类监管。该监管模式涵盖了食品供应链的一切方面，但长期分割的管理模式，容易导致各部门忽略一些地方，形成监管盲区。当问题发生时，各级监管部门又容易出现互相推诿的现象，很难调查监管部门的管理责任。

3. 生产企业的自律性差

随着信息时代的发展，网络订餐平台逐渐增多，人们通过手机就可以在网上订餐。虽然这样的订餐模式为人们的生活提供了便利，但在某种程度上也给个别商家提供了可乘之机，一些规模小、管理差、产品质量差的店家趁机将各种不合格的食品加入其中。据新闻报道，曾有一名顾客在收到外卖后感到其与网上图片的差异很大，根据某订餐软件的定位前去寻找店家，竟然发现是一栋居民楼，其中并无软件上标记的店铺。事实证明，个别食品商家的自律性极差，原本为人们造福的外卖服务竟然成为商家的"遮丑布"。同时，对于这种网络订餐的监管在法律上还存在漏洞。

4. 食品安全监管人员的职业素质有待提高

我国食品安全监管部门的监督管理执法队伍的职业素质有待提高。目前，基层食品安全监管机构人员少、职业素质不高，存在执法不严、监管不到位的现象，监管自由裁量权大，存在不作为、乱作为的现象。相关机构和人员要对不良现象予以纠正，严厉惩罚，要培养监管执法人员良好的职业素质、态度和价值观。

6.4 我国食品安全监管措施的完善

食品是人们赖以生存和发展的最基本的物质条件，食品安全关乎人们的健康甚至生命，严重影响着经济的发展和社会的稳定，因此，保障食品安全尤为重要。食品安全问题主要存在于食品原料、生产加工、流通、消费等环节。因此，要改善食品安全问题，让食品"从农田到餐桌"全程都有安全保障，也必须从这些环节入手，加强日常监管，最大限度地减少食品安全问题的出现。

6.4.1 完善食品安全管理法律制度

食品安全关系国计民生。食品安全法律完善不能头痛医头、脚痛医脚，而应全面考虑问题，从制度上加以完善，制定适应我国社会发展需要的、具有一定前瞻性的食品安全法律，解决当下我国食品安全领域存在的问题。

1. 我国食品安全管理法律制度存在的问题

（1）法律法规之间缺乏协调性

当前我国政府制定并实施了一系列与食品安全相关的法律法规，有关行政部门也制定了相关标准与规章制度。但是由于各部门之间缺乏协调，标准之间存在重复、交叉现象，同一对象存在 2 项或 2 项以上的标准的现象时有发生，影响了标准的实施和食品安全的管理。比如，由于执法主体不同，适用的法律不同，处理不得当、定性不准确的现象比较常见，使得食品研发与生产企业有时感到无所适从，直接导致了食品安全监管的缺位、错位与重复管理的现象出现，间接造成了食品安全事件的发生。

（2）法律体系缺乏系统性

我国目前的食品安全法律法规，条款相对分散，单个法律法规调整范围较窄，缺乏清晰准确的定义和限制，食品安全法律体系的系统性仍然欠缺。我国现已颁布的涉及食品安全管理的法律法规虽然数量较多，但部门之间沟通协调不足，管理法律法规缺乏体系，协调性差，往往造成管理机构权限不清、管理冲突或管理漏洞等问题，增加了市场的不透明度与消费者识别安全食品的难度。

（3）法律法规可操作性差

我国食品安全大多表现为政府规章的形式，有的甚至是政府的红头文件，在执行中缺乏权威性，法律效率低。而人大制定的法律或法规条文过于笼统，加之实施细则制定进展比较慢，致使法律或法规难以操作。同时，当前我国食品安全法律法规中有一些是拼凑起来的混合体，与以科学性为基础的食品安全目标是不相符的，系统性和协调性较差，条款相对分散。这些会影响法律法规的操作有效性。

（4）执法缺乏规范性

当前我国在食品执法上形成了多部门管理，实行的是分段监管的监管模式，不同部门只负责食品链的不同环节的结果。对一个食品，在不同的阶段，会受到海关、工商、质量、卫生、食药等不同机构的监管，但这些部门间并没有直接的隶属关系，责任难以完全分清。有时候会导致各监管机构相互越界、竞相争夺监管权，有时候则导致无人监管与各自为政的局面。并且当前我国促进食品安全的执行过程中缺乏持续性，多为运动性打击，即进行一阵风式的检查、处理，难以达到长期效果。同时，分散食品安全监管职权，可能会导致监管盲区的出现。

（5）我国食品安全信息体系不健全

现有涉及食品安全的信息分属不同部门管理，存在严重的资源分割，标准不统一，方法不规范，缺乏统一协调，资源采集与体系建设存在交叉、重复等问题。信息采集内容不能满足食品危机预警的需要，一些重要信息往往深藏不露，有关监管部门信息资源共享机制不完善，信息透明度不够，导致政府与消费者之间的信息不对称，不利于食品安全管理。

2. 完善我国食品安全的管理制度对策

（1）提升食品安全管理理念

提升食品安全管理理念，要树立以人为本的管理理念，让食品安全管理的成果成为社会共享的资源，使得相关部门能在面对管理中的各种矛盾时，反应及时、取舍得当、目标明确、行动敏捷。提升食品安全管理理念，需要提高依法行政的管理理念，健全食品安全信息公开发布制度，完善案件办理流程。提升食品安全管理理念，还应当增强多元管理的理念，最大可能地实现全方位覆盖式治理，创建食品安全管理新局面，更全面地搜集食品从生产环节到流通环节的各种信息。提升食品安全管理理念，可引入其他社会力量参与共同管理，社会协同、公众参与，让政府从"精细化管理"的桎梏中解脱出来，转移到"精准化管理"的角色。

（2）建立综合性与衔接性法律法规体系

法律法规的综合化是现代法治的特征。食品安全管理的内容要贯穿到食品安全监管法律法规体系中去，实现对各类"综合性"的"要素""环节"进行管理的食品安全体系，建立可以涵盖食品研发与生产的多环节的管理内容，以及可以涵盖食品企业、中介机构、监管部门等众多单位和部门的管理内容，构建环节紧密、要素齐全的食品安全保障体系，从而克服目前部门立法或者环节立法的缺陷。同时，相关部门应对现有法律法规进行认真清理、补充和完善，尽可能减少和避免立法和执法上的冲突，把食品安全作为整体考虑，与《食品安全法》的管理相关内容整合，以做出有效衔接，完善食品安全管理理念、制度和措施。

（3）建立食品安全市场准入制度

市场准入管理能提高企业入市门槛，以确保食品安全。在实施市场准入管理时，食品出厂必须具有食品市场准入标志，它是产品进入市场销售的入场券。强制检验可以确保食品在某一环节的安全。在实行食品安全生产企业强制检验制度时，从事食品研发生产的企业必须具备相应的生产设备、计量仪器，经食品检验合格并获得《食品生产许可证》后方可从事食品的研发生产。

（4）推行食品安全行政问责制

强化食品安全责任制、落实责任追究，需要将行政执法责任考核结果作为部门与个人的重要指标之一。在发生食品安全事故后，政府内对事故负有直接责任的人员，要对国家承担其没有完好地履行职权的行政责任。对在行政执法过程中办了错案或出现了过错的行政执法人员，可由监察或主管机关进行追责。相关部门要对案件办理情况进行公示，并加强通报和责任追究制度。

6.4.2 健全食品质量安全标准体系

作为判断食品是否安全、生产经营行为是否合法的标尺,食品安全国家标准具有较强的专业技术性和科学严谨性。要健全我国食品质量安全标准体系,应按照"最严谨的标准"的要求,完善食品安全标准体系,加快与国际标准内容接轨,提升我国食品安全标准的科学化水平。应加快完善产业发展和食品安全监管亟须的食品安全基础标准、产品标准、配套检验方法标准、生产经营卫生规范等。应鼓励食品生产企业制定严于食品安全国家标准、地方标准的企业标准,以提升我国食品生产企业的市场核心竞争力;鼓励行业协会制定严于食品安全国家标准的团体标准,加快推进团体标准试点。

健全食品质量安全标准体系,可以从以下三方面入手。

①综合考虑食品安全国家标准和行业标准,各地区、各企业可制定统一的食品安全标准和质量管理标准。为提升市场竞争力,各地区、各企业可根据自身情况合理提高食品生产标准,不得出现低于或违背国家统一食品安全标准和质量管理标准的情况。

②借鉴国际通用食品安全标准,积极丰富标准体系内的食品类别,切实提高食品质量安全标准体系的全面性和覆盖度。同时,对食品原料的产地环境、生产工艺、化学药品使用量及有害物质残留量等提出明确的标准,确保食品源头的质量与安全性。

③将质量标准体系与供应链综合管理两者结合在一起,加强食品安全保障。质量标准体系与供应链综合管理均在一定程度上确保了食品的质量,但是质量标准体系所关注的重点是已经生产好的食品的质量,没有从源头出发来确保食品质量,故而这种情况可能会增加检测人员的工作量,而且在追责方面难度也比较大。供应链综合管理则能够对生产过程的各个环节进行管理,然而在这些环节中却没有相应的标准,所以管理相对比较混乱,而且标准不一致,最终生产出来的食品质量也参差不齐,同样无法确保食品安全。故而二者需要进行结合,确保每一个环节均有一致的标准,以保质保量地生产出合格食品。另外,二者结合还能够将质量方针以及目标细化,使过程的测量与监控得到强化,从而确保食品质量安全。

将质量标准体系与供应链综合管理相结合,主要有三种措施,分别从产品的产供销角度、供应链角度、资源调度角度出发,使二者结合,具体内容如下。

①从产供销各环节角度出发进行质量管理。因为食品的流通过程是较为复杂

的，且食品质量安全影响因子包括物理性污染、化学性污染、生物性污染及本底性污染4种，这4种污染是贯穿在整个食品的生产流程中的，所以需要加强对每一个环节的管理，从食品的生产开始，到食品的供应以及食品的销售环节均需要做好对食品的安全保护，并在每一个环节提供相应的标准，如产品供应环节中的包装标准等，从而确保产品的质量。

②利用产品供应链实施综合管理。供应链管理本身是一项复杂的工程，随着供应链理论的不断完善，供应链管理的水平也在不断提升。当前供应链管理已基本自成体系，将质量标准体系融入供应链管理中，借助供应链本身的管理对产品进行综合管理，这样能确保食品的安全。

③调动各种资源实现食品安全保障。食品安全保障是一项综合性的活动，尤其是当前我国已经进入小康发展阶段，民众对食品安全的认识度提升，各行各业均有一定的质量标准体系，也有相应的资源，因此在将质量标准与资源有机结合时，应将所有的资源联系在一起，这样才能实现对食品安全的综合保障。

6.4.3　加强食品安全监督执法力度

我国食品安全监管部门较多，存在重复管理和无人管理的现象，同时近年来爆发出的食品安全事故造成了不良的社会影响。因此，食品安全监管总体水平有待提升，各个部门的协调不力的问题也有待解决。为了提升我国食品安全监管水平，需要构建高质量的监管队伍，强化执法的力度，同时要能够从根源加强管理，实现各个环节的畅通监督，并对民众加强食品安全教育，引导民众形成更强的食品安全意识，参与到食品安全的监督与管理中来。

1. 完善现行法律法规

在食品安全法律法规执行效果监管中，国家要健全法律法规，修订更加完善的电子监管制度、管理机制以及相关安全标准，使其更加科学、操作更加灵活。与此同时，食品广告是重要的监管内容，国家要完善对食品广告的核查与管理，规范广告的审批与发布流程，明确监管部门的权限、职责。同时，随着网络技术的发展，大量消费者选择网购食品，因此要制定出针对网络的食品监管法律法规。另外，现有的食品安全监督管理协调机制需要进一步完善，对于违规行为要加大惩处力度，增强行业的自律性。

新时期我国食品安全法律体系的完善可采取以下措施。

首先，食品安全卫生法律体系完善要从源头上下功夫。食品安全防范需自生产开始，从源头狠抓。因此，在健全完善食品安全法律体系时，食品安全管理部门首先要规范农药的使用，不断整改农药销售市场，对农药的生产销售定点化、专门管理，同时在法律法规内容中加强对养殖环境的治理，明确相关的责任主体、追责机制以及惩罚措施，以法律法规形式明确相关主体的从业限制，加强从业人员培训，对不法行为鼓励监督举报，并完善相应的奖惩机制。

其次，食品安全卫生法律体系完善要从监督管理抓起。食品从生产到销售是一条漫长的生产链条，在这一生产链条上涉及诸多主体，任何一个主体脱节都可能导致食品安全卫生事件的发生。因此，食品安全管理部门应加强法律法规监督管理，完善各主体责任追溯，解决责任不清、管辖交叉或者无人监管的问题，将生产链条上的每一个主体都纳入法律法规监管层面，同时不断加强监督管理层面的培训，培养食品安全领域方面的人才，做到有法可依、有法必依。

最后，食品安全卫生法律体系的完善要从风险预警防控抓起。法律法规的建设不仅是对民众事后权利的维护，还应是对事前食品安全卫生风险的防控。食品安全管理部门应通过法律法规手段保障群众的监督权利，保障媒体的报道权利，对可能发生的食品安全卫生事件早做预防、及时制止，万一事件发生要能够迅速反应并及时止损。各部门各单位应在法律法规的引导下做好应急防范风险预案，并不断加强风险演练，做到遇事能够迅速有序地实施方案。

2. 建立全方位食品安全监管体系

全方位的食品安全监管体系是保障我国食品卫生安全的重要方法，因此要优化监督管理方式，尽可能前移食品安全监督管理的环节，注重食品的源头检验与检疫，提升检验的水平，突出强调生产源头的监管。与此同时，政府要加强对无公害农产品的扶持，推动绿色食品、有机食品的发展，对于造假、有毒有害食品则要加大惩罚力度。另外，目前我国流动食品市场较多，此类市场中的食品监督管理难度较大，因此要对此类市场加大管理力度。对于小型的食品企业、传统的作坊等，要严加检查，对于合格的企业与作坊要给予支持，而对于质量不达标、难以保证食品安全卫生的企业与作坊，要按规定限期整改，限期后依然不能达标的，要严格取缔。

3. 加大执法力度，提高惩罚力度

食品安全监督执法部门要加大执法力度、提高惩罚力度，对制造、销售有毒有害食品的行为进行严格打击，在执行财产刑、人身刑的同时还要提升犯罪成本，严厉打击犯罪行为。此外，强化执法人员的法制教育，有助于从根源上解决食品安全问题，执法人员有违法行为的要追究相关人员的行政和刑事责任，推动行政执法与刑事执法衔接机制的构建，从而使行政执法工作在司法机关的监督下进行。当行政执法人员未按要求移送重大食品安全案件时，司法机关要采取相关行动，对证据确凿的违法行为要进行严厉打击，并且对有关行政执法人员进行行政处罚，特别严重的进行刑事处罚。

4. 加强协调联合执法

我国食品安全立法确立的分段监管体制，要求我们要克服它的弊端，遵循统一协调与分段监管相结合的原则，逐渐形成以食品安全委员会为核心的综合协调局面。我们要专门针对这种分阶段监管体制存在的职权、责任不分等弊端进行改善。要克服多部门分段管理的弊端，就要加强联合执法。联合执法有利于对行政执法者、监管者的自由处置权进行合理控制，促进行政执法效率和监管效率的提高。行政执法人员行政执法效率的提高和监管联合执法有利于引导、督促每一位食品生产经营者真正承担相关的食品安全责任和企业的社会责任，加强行业从业者的自我管控能力。

5. 加强宣传教育，提高全民食品安全意识

全体民众都树立食品安全意识后，食品卫生与安全监督效果将会大幅提升。首先，政府可通过微信公众号等现代化媒体以及传统报纸、电视等传统媒体方式共建食品安全宣传，结合食品安全的新闻报道和宣传教育讲座等形式，发挥出新闻宣传和监督的作用。另外，政府可通过电视台节目的方式播放专家访谈、案例分析等内容，对民众进行食品安全知识的普及教育，提升民众的食品安全意识。其次，政府要强调企业在发展中应树立责任意识，构建食品安全管理体系，同时要求企业贯彻国家的食品安全法律法规，营造推动企业承担社会责任的良好氛围。最后，政府要加大相关部门对食品安全的监督力度，对于不同形式、不同类型、不同规模的食品企业都要严加监管，并鼓励民众进行监督。

6.4.4 优化食品安全检测体系

加强科技创新和实践应用是推进食品安全治理体系和治理能力现代化的重要内容，其中检验检测是食品安全科技创新领域极为活跃的板块，是实现食品安全科学监管的重要技术支撑。《"十三五"国家食品安全规划》将检测能力建设

列为监管能力建设和科技创新工作的重要内容。我国食品安全检验检测能力建设已取得明显成效，但与实际监管目标还存在一定差距，尤其是在高通量、多组分、非靶向检验检测方面，仍是科技攻关的重点方向。在现阶段食品检验检测能力建设中，我国应完善以国家级食品安全检验检测机构为龙头，省级检验检测机构为骨干，市、县级检验检测机构为基础的检验检测体系，充分发挥社会第三方检验检测机构的作用，建立科学、公正、权威、高效的食品安全检验检测体系，使检验检测能力满足食品安全监管和食品产业快速发展的实际需要。

1. 建立健全监管体系

食品安全监管的最高目标是建立统一、权威、高效的监管机构和严格的覆盖全过程的监管体系。食品安全监管过程中存在的问题都将最终导致食品安全问题。强制性的食品安全国家标准是具有法律属性的技术性规范，是食品生产经营者的基本遵循、监管部门的执法依据。我国需要逐步完善食品安全有关法律、法规、标准和全程监管平台，包括参考国外的先进技术，并以标准的形式推动国内技术的发展，确保监管单位执法过程中，可以有法可依，并利用数据共享平台，整合不同来源的孤岛数据，形成全过程的监控，使得监管部门能对食品安全情况及时做出研判、预警及形势分析。此外，我国还需要规范食品安全监管单位的执法权力，确保每级监管部门按照法律的规范发挥权力功能，实现对食品市场的有效监督管理。

2015年10月1日实施的《食品安全法》强调了用法治思维和法治方式解决食品安全问题，为食品安全监管部门奠定了执法依据，同时极大提高了食品安全违法犯罪的成本，有助于遏制利益驱动型食品安全违法犯罪行为的发生。2019年12月1日《食品安全法实施条例》的实施有望改进我国食品安全的现状。

关于食品监管的要求，正如《北京市中长期科学和技术发展规划纲要（2008—2020年）》中所提出的："建立从农田到餐桌的食品安全技术体系，开发先进的监控技术和设备，推进食品安全监测和评估，研究质量安全监测技术，为消费者提供安全食品。对涉及食品安全方面的各类违法行为决不能手软，政府监管部门应对辖区内的食品企业建档立案，做到定期抽查，不定期检测，对检测不合格的企业列入异常名录并进行公示，接受社会监督。发现存在违法行为的企业，政府监管部门要坚决严厉打击，严格查处，情节严重的坚决予以关闭。同时设立社会举报平台，充分利用手机、网络等通信工具，开展全社会监督，让每一个人都成为食品安全监管员，让食品违法行为无处遁形，创造良好、安全、可持续的食品环境。"概括言之，即加强监控技术水平、提高食品安全犯罪成本、推动全社会监督的力量。

上述要求的实施应具体关注以下方面。首先，建立完善的食品安全管理机制。通过监管部门进行统一的监督管理，提高相关工作人员对食品安检的重视程度，正确认识食品安全监测的重要作用，保障食品质量和安全。其次，制定相关的惩罚制度。对于一些不符合规范的食品进行追责、问责，还可以通过多媒体的形式对相关食品单位和食品信息进行传播，让人们提高防范意识，防止不合格食品流向市场。最后，制定完善的监督体系。相关管理部门可以设定举报邮箱、信箱等举报途径，鼓励人民群众进行全面的监督，发现不合格食品及时举报。相关部门接到举报后要进行严格的检验检测，对于不合法、不合格的厂商进行撤销，最大程度地保障人们的食品安全权，同时对其他相关的不法分子进行警告，防止违规违法食品出现在市场上。同时建立健全监管体系，有效保障食品安全和质量。

2. 加大投入力度，提升检测技术

加强食品安全监管，应研制便捷、准确、灵敏的食品安全检测技术和产品，实现对掺假、伪劣食品的快速鉴别，从而保障食品安全。也就是说，保障食品安全的核心还是提高检测技术和能力，它能为保障食品安全提供技术支撑。"三鹿奶粉"事件发生的技术原因是检测奶粉中蛋白质含量所用的"凯氏定氮法得到的是氮的含量，再乘以适当的换算因子反推蛋白质的含量"，该方法存在一定的检测漏洞。（注：凯氏定氮法目前依然是检测食品中蛋白质含量的国家标准方法之一）

为确保快检结果的准确性，有效保障食品安全，非常有必要建立快检产品的市场准入制度，建立有效的快检产品评价体系（办法）。农业农村部委托相关机构开展了"瘦肉精"和"水产品中药物残留"的评价工作，对市场上销售的快检产品进行评价，一定程度上保护和规范了快检产品的市场环境。但从市场准入的角度来说，快检评价还远远不能决定市场准入条件。一方面，除了评价产品，规范快检产品的生产条件也是非常必要的，因为高质量的快检产品对环境的温湿度、洁净度的要求很高，若生产环境达不到要求就无法保障产品的质量。另一方面，准入制度的制定，需要基于严格的科学事实，考虑污染物的特性，避免被市场需求牵着鼻子走。

政府要高度重视食品安全检验检测工作，适当增加投入力度，完善相关的检测设备，引进专业的人才，完善基层检测机构的软硬件设施以适应复杂多变的市场需求，调动人员的工作积极性，开创检验检测工作新局面，提高食品的安全性

和质量。另外，相关部门可借鉴欧美国家的食品质量检测标准，对国内现行标准进行细化和优化，从而提高检测精度，使我国的食品安全标准与国际标准相接轨，强化食品质量管理力度。

3.加强信息共享工作

通过食品安全检验检测信息共享，促进检测资源和检测覆盖面的双向统筹；通过信息整合挖掘，促进风险发现和交流，有利于从总体和宏观层面建立对食品安全态势的评价；通过共享体系的建立，促进机构职能调整形式下的流程优化，促进信息公开透明，有利于服务型政府的构建。

食品安全检验检测信息综合共享系统作用于以下三个层面。

①汇聚检验检测数据：信息共享是对原始信息进行采集，使信息在统一规范下进行汇聚。汇聚且同构化的检验检测数据是后续加工利用的基础。在检验检测数据基础上可进行两类信息扩展，即检测机构及检测能力信息、检测计划（项目/任务）信息。

②对检验检测数据提供综合分析。针对汇聚信息及监管业务需求，开展对数据的分析和挖掘，提升信息价值。

③对分析结果提供发布、推送、展示、管理等综合服务，促进风险交流。将信息以适当的形式提供给对应的信息消费者作为决策的依据，可以作为产品质量档案、食品生产经营者信用档案等，进一步整合为应用方向的信息来源。

加强信息共享工作，应加强食品检测机构间的技术交流与沟通，促进食品检测技术和经验的共享，建立完善的信息共享系统，有效反映市场食品安全管理的实际情况，为食品检验检测工作提供丰富的网络信息。可在网络信息系统中增加日常监督量化评分、行政许可审批、检测数据信息等相关内容，提高检测的公开性，保障人们的食品安全监督权和知情权。

6.4.5 健全安全监督制约机制

当前，食品安全领域检察监督制度存在部门利益间的冲突，存在较多问题，亟待解决，不仅需要厘清部门职能，统一审查标准，还应当继续完善信息共享平台，拓宽检察监督路径，严格防控食品安全类违法犯罪行为。

1.完善食品安全信息共享平台

食品安全信息共享是检察监督工作开展的前提。搭建信息共享平台需要明确两方面内容：一方面应当准确限定食品安全案件信息范围；另一方面需要明确信息来源与检察监管主体。在运用食品安全信息共享平台时，行政执法机关将案件基本信息录入，共享数据平台建立搜索引擎，检察机关可以根据限定条件查询可能涉及违法犯罪的案件信息，并根据检察机关级别设定不同层级的信息共享平台，灵活运用地域管辖与级别管辖查处食品安全类违法犯罪行为。除检察机关外，公安机关、审判机关也可运用信息共享平台查询案件相关信息，对未达刑事标准的案件，行政机关应当将行政处罚决定、履行情况录入平台，供其他司法机关查询。检察机关可根据案件移送情况检察监督，对应当移送而未移送的案件及时提出疑问，从而减少行政执法机关"有案不移""以罚代刑"现象的发生。

县级以上食品安全领域的行政机关应主动担负起汇总此类案件信息的职责，准确记录每起案件各项环节的数据与信息，包括缺陷产品的召回信息、食品企业内部管理部门的相应管理规则、一定时间内的食源性疾病信息、各执法部门收集的食品安全信息等。

此外，可由检察机关牵头，组织行政执法部门与公安机关定期召开联席会议，共同探讨案件经办情况，总结食品安全类犯罪类型与特点，提升办案人员专业技能。在具体经办食品安全案件时，应选调经验丰富的检察官经办此类案件，确保证据收集、程序流转、信息研判的质量与效率，并积极协助行政部门及公安机关调查取证。

2. 明确检察监督权力边界

部门利益冲突是食品安全领域行刑衔接工作进展缓慢的重要原因，检察机关介入意味着行政处罚可能被搁置。各部门应自觉克服组织的自利性，严格参照制度规章要求，确保行政执法与刑事司法工作衔接有序，使检察监督工作在行刑衔接过程中发挥实质性的作用。具体而言，建立完善的责任追究制度能够有效减少"有案不移""以罚代刑"等违规现象，由检察机关负责案件查验与监督，具体实施细则可参照检察院对公安机关未予立案并移送审查起诉的案件处理。若检察机关认为行政执法机关当前处理的案件可能触及刑事犯罪，且执法机关的行为可能对证据的收集与保存造成影响，可以提前委派检察人员介入调查，指导行政执法人员调查取证工作，并监督行政机关将案件完整材料移送公安机关立案侦查。

检察机关可以根据现有的职务犯罪侦查权和检察建议权，对食品安全类行政执法问题进行检察监督。一方面，应当确保检察机关切实享有知情权和查阅案件资料的权力。行政机关在处置食品安全类案件时应将相关信息递送检察机关报备，同时允许检察机关查阅此类案卷材料。另一方面，检察机关有权对行政执法人员的违规操作提出检察建议，对于情节轻微、不需要追究刑事责任的行为，可向上级行政机关通报，并提出相应的处罚建议，情节严重的可直接追究刑事责任。需注意的是，应当明确检察建议的法律效力，尤其是行政执法机关应当移送而没有移送的案件，检察机关据此提出检察建议后，行政执法机关应当按要求执行。

3. 统一案件移送标准与衔接程序

食品安全类案件发展通常具有不确定性，因此不便对案件移送标准作过于详尽的规定，但可以根据行为主体、影响范围、权益内容等信息对案件进行分类，对于可能影响人体健康或危害公共安全的案件，执法机关应及时移交检察机关处理。尤其是社会影响较大或已经造成严重损害的案件。行刑衔接的难点在于纠正行政执法机关"有案不移""以罚代刑"的行为。案件数目庞杂，要求检察机关逐个排查显然不切实际，可以通过案卷抽调和目录报备的方式尽可能限制行政处罚权的滥用，避免"以罚代刑"的现象。此外，检察机关在确认案件已由行政机关移送公安机关后，应对公安机关的立案行为进行检察监督。对于"有案不立"的现象，检察机关可先行查阅案件相关材料并要求公安机关对此说明情况，对于应当立案而不予立案的情况，检察机关可对其进行立案监督。

4. 严格执行行政问责制度

健全食品安全监督制约机制，应依法惩戒因失职、渎职而侵害群众利益的行为。相关部门应快速发现和纠正违法行为，提高食品安全行政执法效力。可建立强化责任考核，建立行政机关责任人考核制度，把是否依法行政作为行政机关一把手政绩量化考核的依据，只要在行政执法负责人领域内发生食品安全事件造成严重后果的，与自己的政绩挂钩，综合行政机关的负责人就要为其监管不到位负责任。此外，可建立行政执法人员责任制，在自己行政执法权限范围内做到依法执法，把执法人员执法工作的质量与个人的奖惩挂钩，增强执法人员的责任心。此外，要加强群众的监督举报制度，鼓励新闻媒体的监督。

6.4.6 提高食品安全监管执法素质

食品安全监管执法人员必须做到恪尽职守、奉公执法。应加强执法监管队伍特别是基层监管队伍建设，改进技术装备，强化思想和职业教育培训，不断增强监管人员的责任意识，提高其执法能力。同时要适时组织对监管执法成效显著的集体和个人进行表扬、鼓励和宣传，以鼓励先进的人物、弘扬正气，树立行政监管执法的正面影响，提高监管执法公信力。与此同时，食品安全监督管理的各部门的一些风险检测技术装备差，无法满足检验检测食品安全标准的要求，这就要求我们加大财政方面的投入。此外，应从法律角度加大惩罚力度，督促食品安全监管执法人员提高执法素质，秉公执法。

食品安全事故发生，监督管理方面的失职是重要原因。监管是食品安全的最后防线。要确保餐桌上食品的安全，就要把加强执法队伍建设，提高监管执法者的行政能力、规范执法的意识和专业能力作为食品安全监管的核心工作，同时做到考核和追责制度建设，对违法行为进行严厉打击。此外，监管工作需企业积极配合，制定出具体管理措施，提高监管行政执法的效果。

考核制度建立在当前食品安全执法体制完善工作中的优势是较为突出的。在具体实施考核的过程中要创建食品安全监管的目标责任机制，和每位监管人员签订目标责任书，并且完善整体的考核方式，严格按照我国关于食品安全监管规定方面的要求来提高整体的管理效果，从而使监管人员明确自身工作职责，更加一丝不苟地开展工作。在考核机制建立方面包含的是设置指标体系和权重，明确考察指标数据收集方法，确定最终的考察对象，设定完善的考核程序，根据最终考核结果来奖惩对应的工作人员。在实际管理时可以融入完善的绩效管理模式，建立科学而可控的食品安全执法考核制度，以此来提高整体的食品安全管理效果。

除考核机制外，违法行为的问责制有助于在部门内部形成良好的管理氛围，全面提高整体的管理水平。在《国务院关于加强食品等产品安全监督管理的特别规定》中，明确指出了造成食品安全事故或者失职行为的法律责任，对相关者要进行严格惩罚。执法者在实际实施的过程中不要抱有侥幸心理，要通过积极而向上的心态来提高整体的执法效果以及水平，避免出现较为严重的食品安全问题。对于滥用职权的行为要追究行政责任和刑事责任。同时执法者还要自觉接受人民群众的监管。可建立责任人追偿制度，这样可以避免出现执法者与食品生产经营者相互勾结的问题，全面提高食品安全执法的效果和水平。

7 食品安全监督与管理的应用

食品安全问题直接关系到人们的生命健康，需要引起高度重视。相关部门及人员要落实好食品安全监督管理工作，保障食品质量安全，避免食品安全问题对人们造成不良影响。本章介绍了食品安全监督与管理问题的应用，涉及农产品、餐饮业、肉制品、乳制品、水产品等领域。

7.1 食用农产品安全监督与管理

食为政首，食稳，则国家稳。食用农产品安全是保障公众生命健康安全的底线，国家对食用农产品的质量安全非常重视。

7.1.1 食用农产品网络交易类型及质量安全监管

目前我国食用农产品网络交易主要有以下类型。

1. 以美团买菜为代表的"总仓 + 平台"模式

该模式通过企业自建网络销售平台对接消费者网络下单，由自建或者租赁仓库负责对相关产品进行分类、储存、分拣和包装，并由相关配送人员、团购群负责具体分发或由美团骑手直接配送给消费者，从而完成食用农产品的网络交易工作。在该模式中，应该由总仓所在地区的市场监督管理部门负责做好食用农产品的安全监管工作。

2. 以天猫、京东、美团外卖等大型电商平台为代表的"网络电商平台 + 商户"模式

该模式通过相关商户与电商平台签约，共享平台的流量、品牌资源优势，再统一由相关配送人员完成食用农产品的进货、储存和配送工作。在该模式中，由商户所在地的市场监督管理部门负责食品安全监管工作。

155

3. 以大型商超为基础的"平台＋实体店"模式

在"互联网＋"不断发展的进程中，大量大型商超也积极开发相关平台，推进"线上电商＋线下自选"的一体化营销模式。商超对食用农产品统一配送至其旗下各个门店，由具体门店根据消费者线上选购状况，进行配送分发。在该模式中，主要由门店所在市场监管部门负责食品安全监管工作。

4. 以社团营销为代表的"微信营销"模式

相关商家通过直接建群或发起"微信接龙"的方式，向广大居民提供食品信息，统一根据消费者需求组织食品货源，再由商家自行配送到相关社区，从而完成食品销售。在该模式中，主要由商家所在地的市场监管部门负责食品安全管理。

从整体上看，我国多数地区农业生产仍然在使用传统生产经营方式，农产品生产过于粗放、传统，未能形成现代化、智能化的农业产业体系，在食用农产品生产、加工和物流等各个流程上的监管还不完善，无法从本质上将食用农产品的安全隐患降至最低，影响了食用农产品的质量监管。

7.1.2 食用农产品质量安全管理存在的问题

当前我国对食用农产品的质量问题高度重视，相继出台了多项安全监管规定，但从整体上看，由于缺乏良好的市场氛围和监管机制，其中仍然存在一些问题，影响食用农产品的市场发展。

1. 食用农产品网络交易的质量安全监管基础始终薄弱

一直以来，农产品领域关注的重点主要在产量、数量上，对食品安全缺乏充分关注和应有的重视，在食用农产品的生产、流通等多个环节均存在不同程度的安全隐患与经营风险，出现了不同程度的质量安全问题。尤其是大量食用农产品仍然采用"一家一户"的小农生产模式，其组织化程度低，农产品投入、管理机制不规范，影响了食用农产品的可追溯建设工作。同时，受食用农产品自身不易储存、对冷链运输技术要求较高等行业问题的影响，多数农产品不具备良好的流通技术，带来了农产品的质量安全问题。此外，由于部分食品领域从业者对农产品质量安全缺乏充分了解，很难对食用农产品生产形成高度重视、科学认知，加大了农产品安全生产隐患。

2. 食用农产品原产地及配送运输体系缺少良好的监管机制

食用农产品安全生产监管涉及种植、生产加工和物流配送等多个环节、多项流程。一方面，由于环节和流程较多，现有的食品安全监管机制很难对各个流程进行完善监管。另一方面，受市场利益最大化影响，多数食品生产地更加重视产品营销效益，对具体食品安全缺乏充分重视，出现一些污染问题。同时，在食用农产品配送过程中，为了有效降低生产成本，甚至出现了节省消毒的现象，严重影响了食用农产品的质量。由于当前未能形成完善的食品追溯体系，多数食用农产品的生产、运输流程信息并不透明，增加了食品安全风险。

3. 未能形成规范、完善的食用农产品安全网络交易的质量安全监管机制

当前我国出台了多项政策规范，明确要求农业从业者严格执行食品安全规定，禁止销售含有违禁药物成分、农药残留超标的食用农产品。但在实际经营过程中，由于不可能对所有农产品进行安全检测，农产品的质量、安全问题很难得到有效保障。同时，由于食用农产品安全监管涉及多个领域、多项流程，需要农业、商务、市场监管等多个部门协同完成，由于各个部门之间很难做到"无缝衔接"，也就难以避免地出现了食品安全监管漏洞，这增加了食品安全监管的难度和压力。特别是在食用农产品监管领域，出现了产出地与营销地安全标准不一致等问题，直接影响了食品安全监管成效。

4. 食用农产品网络交易质量安全监管的立法、执法工作仍然薄弱

目前我国已经建设形成的农产品标准体系与绿色、健康、安全农业标准要求之间，存在明显差距。尤其是多种农药、兽药的残留量标准缺乏，未能形成完善的国家、行业标准体系，加上各个地区食用农产品检测方法不完全配套，影响了监测成效。同时，部分食用农产品产地缺少严格执行食品安全检测的责任意识，出现了无效监管或者低效监管问题，从"源头"上无法保障食用农产品的质量。

7.1.3　食用农产品质量安全监督管理工作的解决方法

随着电商机制不断成熟，目前食用农产品网络交易规模进一步扩大，网络交易模式、类型更加多元化。在此背景下，优化食用农产品质量安全监管制度极为迫切。在优化监管机制时，要做好以下几个方面的工作。

1. 营造食用农产品质量安全氛围

要重视营造食用农产品质量安全氛围，通过积极普及和推广相关食品安全法律法规，全面提高广大群众的食品安全意识，积极营造全社会发展的共治格局。同时通过提高各个领域、各个环节的食品安全管理责任意识，尽可能地降低食用农产品的安全隐患与风险。

2. 紧抓监督管理执法和监测检验

①紧抓监督管理执法。通过对非法使用农业投入品与产地环境污染为主的问题主动进行专项治理，严格控制施肥量、农药使用量与添加剂含量，并根据农、畜与水治理核心，增加监督管理执法惩处力度，避免留下监督管理盲区与死角，保证不出现重大农产品治理安全事件。②紧抓监测检验。将例行监测和监督抽查相融，平时的监督管理和专项检测相融，增加监测频率、数量以及品种，对于重要区域、关键环节、主要基地与时节进行常态化监督抽查与检验，建立市县乡村监测网络系统，牢牢掌握农产品治理安全实际情况。

3. 提高安全应急管理与监督管理能力

①有效提高安全水平。每个地区农、畜、水产品抽检达标率需要控制在一定水平之上。②加强应急管理。提升行业农产品质量安全防范风险安全意识，构建农产品质量安全预警应急制度，根据现实情况，健全农产品质量安全突发事件应急处理制度，构成信息流畅和反应迅速且高效化的应急体系，保护农业可持续发展。③提高监督管理能力。着重强化农产品质量安全监督管理体系与队伍构建，强化人才培养，有效解决好基层农产品质量安全监督机构工作人员利益问题，巩固农产品质量安全监督管理队伍。

4. 加强农产品安全监管措施

①强化组织领导。严格根据属地责任化管理要求，构建与落实本地区政府承担总责、监督管理部门分别承担相应的职责、生产者与经营者为首要责任人的农产品质量安全监督管理责任机制。②强化合作沟通。每一个部门需要承担起自己的责任，紧抓农业投入品与农产品生产监督管理工作，强化和市场监管部门的交流合作，紧密配合，构成一股合力，一起推动农产品质量安全监督管理工作。③增加资金上的投入。在资金投入上，应以农产品质量安全监督监管体系构建与标准化管理、产地质量安全追溯和农产品质量安全应急预警等为核心。开拓经费投资渠道，有效处理好缺条件、设备和手段等问题。

5. 健全与强化县级、镇乡级农产品质量安全监管机构建设

①健全县级农产品质量安全监督管理机构。需要在各县区农业主管部门设置农产品质量安全监督管理所，配置专业工作人员。县级农产品质量安全监督管理机构承担农产品质量安全监督管理协调工作，承担落实县级党委、政府及上级部门工作安排，承担制定县级农产品质量安全计划与目标工作，承担协调检测和执法等工作，承担管辖区中的农产品质量安全事件应急处理工作。②强化镇乡级农产品质量安全监督管理机构建设。构建农产品质量安全监督管理和执法、检测和技术服务为一体的农产品质量安全监督管理站，承担农产品质量安全监督管理和执法工作，承担质量安全检测与技术服务方面的工作，承担落实上级部门和镇级党委、政府工作安排，承担对农产品生产地块和农药等使用情况的检查工作，承担配合上级积极进行监督检查工作。

6. 实施标准化生产，构建市场准入制度

①实施标准化生产。实时更新与健全农业标准与技术规程，实现各种农产品生产均有标可依。同时，合理制定个性化培训计划，有针对性地培训相关工作人员，让各项农业标准化生产技术规程充分落实到农业生产过程中。此外，农业相关管理部门需要对生产过程中的技术问题，安排专家选择高毒农药替代品，探索制定配套使用方案，强化用药技术指标，有效处理好病虫害治理问题；需要主动探索毒性较低的生物农药使用补贴政策，加速低毒生物农药推广步伐。②开展农产品市场准入管理。构建市场准入机制，农产品批发市场和超市等渠道需要对每一批进入场地销售的产品开展合格证检验与质量安全检测，不具备合格证明与检测不达标的农产品，严禁进入场地经营销售。同时，增加对农村集贸市场销售农产品的质量抽检力度，严格规范农产品市场经营行为。此外，相关部门需要严格制定农产品市场准入管理条例，强化对农产品销售渠道的有效管理。

7. 加大食品安全信息化建设力度

通过完善电商平台、产品追溯系统建设，提高食品安全的透明度，为消费者创造安全、透明、放心的消费环境。同时，通过完善食品安全追溯系统建设，有利于划分食用农产品生产、加工、物流运输等各个领域的具体职责，及时查明食品安全责任。

8. 加大食用农产品领域的立法、执法力度

食用农产品网络交易属于新生事物，在多个领域仍然出现新变化和新发展，

为更好地开展食用农产品交易，要完善对新领域、新变化的研究力度，加大食用农产品安全监管力度，及时发现、填补各相关领域的监管漏洞。

7.2 餐饮业食品安全监督与管理

7.2.1 我国餐饮业食品安全监管体系建设

1. 餐饮业食品安全的主要监管机构

我国餐饮业食品安全监管主要由国家市场监督管理总局负责，其在餐饮业食品安全监管方面的主要职责如下。

①掌握、分析流通和餐饮消费环节食品安全形势、存在问题，并提出完善制度机制和改进工作的建议。

②拟订流通和餐饮消费环节食品安全监督管理的制度、措施并督促落实。

③规范流通和餐饮消费许可管理，督促下级行政机关严格依法实施行政许可。

④指导下级行政机关开展流通和餐饮消费环节食品监督抽检工作。

⑤指导下级行政机关对进入批发、零售市场的食用农产品进行监督管理，组织协调、建立与农业部门的衔接处置机制。

⑥拟订停止经营不符合食品安全标准食品的管理制度，指导督促地方相关工作。

⑦指导地方推进食品经营者诚信自律体系建设。

⑧督促下级行政机关开展流通和餐饮消费环节食品安全日常监督管理、履行监督管理责任，及时发现、纠正违法和不当行为。

⑨承办上级交办的其他事项。

2. 餐饮业食品安全管理的重要制度

（1）食品经营许可管理办法

2015 年，根据《食品安全法》和《行政许可法》等的规定，国家食品药品监督管理总局（现已整合）发布公告，从 2015 年 10 月 1 日起施行《食品经营许可管理办法》，规定凡从事餐饮经营活动，应当依法申请取得《食品经营许可证》。

根据《食品经营许可管理办法》的有关规定，食品经营者应当在经营场所的显著位置悬挂或者摆放《食品经营许可证》正本,有效期为5年。《食品经营许可证》应当载明以下内容: 经营者名称、统一社会信用代码(个体经营者为身份证号码)、法定代表人(负责人)、住所、经营场所、主体业态、经营项目、许可证编号、有效期、日常监督管理机构、日常监督管理人员、投诉举报电话、发证机关、签发人、发证日期和二维码。《食品经营许可证》编号由JY和14位阿拉伯数字组成。数字从左至右依次为: 1位主体业态代码、2位省(自治区、直辖市)代码、2位市(地)代码、2位县(区)代码、6位顺序码、1位校验码。日常监督管理人员为负责对食品经营活动进行日常监督管理的工作人员,日常监督管理人员发生变化的,可以通过签章的方式在许可证上变更。

(2)餐饮服务从业人员健康管理制度

从业人员直接接触食品,其健康和卫生是食品安全的重要保证。《食品安全法》第45条对餐饮服务提供者和从业人员做出了具体规定: 食品生产经营者应当建立并执行从业人员健康管理制度;患有国务院卫生行政部门规定的有碍食品安全疾病的人员,不得从事接触直接入口食品的工作;从事接触直接入口食品工作的食品生产经营人员应当每年进行健康检查,取得健康证明后方可上岗工作。

餐饮服务提供者的相关部门负责保管员工健康证明,并建立员工档案,记录员工个人信息、从事岗位、健康证明办理年限、最近一次体检时间、到期日期等信息。从业人员健康档案应保存至少12个月。

根据《中华人民共和国传染病防治法》及相关法律法规,餐饮服务提供者应当做好员工晨检制度,防止患病员工或健康带菌者进入食品加工场所,保证食品安全。

(3)食品原料采购查验和索证索票制度

《食品安全法》第55条规定: 餐饮服务提供者应当制定并实施原料控制要求,不得采购不符合食品安全标准的食品原料;倡导餐饮服务提供者公开加工过程,公示食品原料及其来源等信息。这就要求餐饮服务提供者应当建立食品、食品原料等的采购查验和索证索票制度。

《餐饮服务食品采购索证索票管理规定》进一步规范了餐饮服务提供者的食品(含原料)、食品添加剂及食品相关产品采购索证索票、进货查验和采购记录行为,要求餐饮服务提供者采购食品、食品添加剂及食品相关产品,应当到证照齐全的食品生产经营单位或批发市场采购,并应当索取、留存有供货方盖章(或签字)的购物凭证。购物凭证应当包括供货方名称、产品名称、产品数量、送货或购买日期等内容。

（4）食品抽样检验制度

《食品安全法》第 87 条规定：县级以上人民政府食品药品安全监督管理部门应当对食品进行定期或者不定期的抽样检验，并依据有关规定公布检验结果，不得免检；进行抽样检验，应当购买抽取的样品，委托符合本法规定的食品检验机构进行检验，并支付相关费用；不得向食品生产经营者收取检验费和其他费用。

食品安全监督管理部门依法开展抽样检验时，被抽样检验的餐饮服务提供者应当配合抽样检验工作，如实提供被抽检样品的货源、数量、存货地点、存货量、有关票证等信息。地方食品安全监督管理部门收到监督抽检不合格检验结论后，应当及时对不合格食品及其生产经营者进行调查处理，督促食品生产经营者履行法定义务，并将相关情况记入食品生产经营者食品安全信用档案。

2019 年 7 月 30 日，国家市场监督管理总局第 11 次局务会议审议通过《食品安全抽样检验管理办法》。该办法规定：市场监督管理部门应当通过政府网站等媒体及时向社会公开监督抽检结果和不合格食品核查处置的相关信息，并按照要求将相关信息记入食品生产经营者信用档案。市场监督管理部门公布食品安全监督抽检不合格信息，包括被抽检食品名称、规格、商标、生产日期或者批号、不合格项目，标称的生产者名称、地址，以及被抽样单位名称、地址等。可能对公共利益产生重大影响的食品安全监督抽检信息，市场监督管理部门应当在信息公布前加强分析研判，科学、准确地公布信息，必要时，应当通报相关部门并报告同级人民政府或者上级市场监督管理部门。任何单位和个人不得擅自发布、泄露市场监督管理部门组织的食品安全监督抽检信息。

（5）餐饮服务食品安全责任人约谈制度

根据 2010 年发布的《关于建立餐饮服务食品安全责任人约谈制度的通知》，餐饮服务提供者出现下列情形之一，应当进行约谈：一是发生食品安全事故的；二是存在严重违法违规行为的；三是存在严重食品安全隐患的；四是有关情况涉及食品安全问题，监管部门认为需要约谈的。约谈主要内容如下：一是通报违法违规事实及其行为的严重性；二是剖析发生违法违规行为的原因；三是告知整改的内容和期限；四是督促履行食品安全主体责任；五是其他应约谈的内容。

凡被约谈的餐饮服务提供者，列入重点监管对象，其约谈记录载入被约谈单位诚信档案，并作为不良记录，与量化分级管理和企业信誉等级评定挂钩；两年内不得承担重大活动餐饮服务接待任务；凡发生食品安全事故的餐饮服务提供者，应依法从重处罚，直至吊销《餐饮服务许可证》，并向社会通报。

（6）网络餐饮服务食品安全监督管理

近年来，随着移动互联网的普及和发展，越来越多的服务业推出 APP，将传统服务业与电子商务挂钩，实现"互联网＋"的融合。2020 年 10 月 23 日，国家市场监督管理总局令第 31 号修订了《网络餐饮服务食品安全监督管理办法》，规定了国家市场监督管理总局负责指导全国网络餐饮服务食品安全监督管理工作，并组织开展网络餐饮服务食品安全监测。县级以上地方市场监督管理部门负责本行政区域内网络餐饮服务食品安全监督管理工作。网络餐饮服务第三方平台提供者应当对入网餐饮服务提供者的《食品经营许可证》进行审查，登记入网餐饮服务提供者的名称、地址、法定代表人或者负责人及联系方式等信息，保证入网餐饮服务提供者《食品经营许可证》载明的经营场所等许可信息真实。网络餐饮服务第三方平台提供者应当与入网餐饮服务提供者签订食品安全协议，明确食品安全责任。

7.2.2 大型餐饮服务业的食品安全特点及管理重点

1. 大型餐馆的食品安全特点及管理重点

大型餐馆的食品安全特点主要体现在以下四方面：一是菜品质量的高低不仅受加工和烹调技术影响，还受到贮存方法、时间、温度以及厨房设施和设备的影响；二是餐饮菜品和饮品的制作以及出品要求及时操作，烹调阶段必须现场制备、即时制作、即时销售；三是餐饮产品的生产制作涉及原料辅料采购、粗加工处理、精细加工处理、冷热菜烹制等过程，环节众多，食品安全隐患不易控制；四是当代餐饮操作还是以手工为主，烹调方式不统一，没有加工的标准模式，随意性强。因此，大型餐馆的食品安全防范工作应从以下几方面着手：①完善管理机构和从业人员管理制度，设置食品安全管理专门机构，配备专职食品安全管理人员；鼓励有条件的单位建立和实施 HACCP 体系、五常体系、6T 管理体系；对从业人员的健康检查、培训要常态化；明确食品安全第一责任人制度，落实岗位职责。②生产经营场所符合规范要求，确保食品操作区面积与就餐场所面积比例符合要求，餐饮加工流程"一条线"；减少不必要的人员走动和食物、用具移动，避免交叉污染。③严格监控加工操作过程，对食品原料采购索、查、验、记要一丝不苟，食品切配加工和烹调加工要严格遵守"六不准"原则；要坚持 48 小时留样制度，并记录食品名称、留样量、时间、留样人员等信息。

2. 集体用餐配送单位的食品安全特点及管理重点

集体用餐配送单位一次性加工制作量大、制熟到食用间隔时间长、食用人群庞杂，一旦出现食品安全隐患，极易造成群体性重大食品安全事故，是餐饮服务食品安全高风险业态之一。集体用餐配送单位的食品安全管理重点除了参照大型餐馆管理规范之外，在从制熟到食用间隔时间方面有特殊要求：制熟后 2 小时的食品中心温度保持在 60℃以上（热藏）的，其保质期为制熟后 4 小时；制熟后 2 小时的食品中心温度保持在 10℃以下（冷藏）的，保质期为制熟后 24 小时。

3. 中央厨房的食品安全特点及管理重点

中央厨房生产的食品不同于食品加工厂的产品，其特点在于连锁餐饮建立的标准化生产，为其门店提供新鲜的、品质相同的半成品或调料。产品多为散装或大包装，冷藏而不冷冻。由于中央厨房涉及连锁门店众多，地域布局广，食用人员数量大，一旦发生食品安全问题，涉及面广泛，社会影响极大。中央厨房食品安全管理，除了要满足集体用餐配送单位食品安全管理要求以外，还应注意以下几方面：①建立召回制度，制定问题食品召回和处理方案；②包装标准应符合国家有关食品安全标准和规定的要求；③应以制售热食类食品、半成品类食品为主，原则上不得制售冷食类食品、生食类食品、糕点类食品等。

4. 学校食堂的食品安全特点及管理重点

学校是密集型场所，学校食堂供餐量大、时间集中。学校食品安全关系着广大师生的身体健康和生命安全，而学生的健康牵动着千家万户。学校一旦发生食品安全问题，往往影响到一个大群体，轻者影响正常教学秩序，重者影响社会和谐稳定。在学校食品安全管理中，市场监督管理部门承担学校食堂食品安全监管责任，教育部门承担学校食堂食品安全行政主管责任，学校承担食品安全主体责任。一些法规规定，学校食堂应当在经营场所的醒目位置公示《食品经营许可证》、食品安全承诺书、食品安全管理制度、五员制（技能炊事员、卫生监督员、营养指导员、伙食评判员、伙食价格监督员）、从业人员健康证明、监督部门监督检查信息（包括"餐饮服务食品安全量化分级等级公示牌"）等，严禁涂改或遮盖，不得超许可范围经营。

5. 铁路等运输业的食品安全特点及管理重点

铁路、航运等运输业是人类社会生产和生活的基本保障之一，是现代经济活动中不可缺少的组成部分，渗透到社会生活的诸多方面。由于铁路、航运等运输业具有跨区域、流动大、分布广等特点，其食品安全保障难度大，一旦发生食物中毒问题，开展应急救助工作非常困难。

近年来快速发展的高铁、动车组列车的供餐方式与传统的餐车供应方式有很大区别，其食品制作加工从车上转到车下，冷链、热链和常温快餐盒饭生产加工已开始趋向产业化、规模化、机械化和标准化。目前，我国高铁列车配餐供应方式主要有两种：一是铁路部门建立动车配餐基地，由铁路供应部门负责动车配餐盒饭；二是铁路部门不建立配餐基地，采取签约供货商的方式，由签约供货商负责快餐产品的进货及车上销售。这些配餐基地或供货商均实施 HACCP 管理，将盒饭保质期、食品中心温度、食品摊凉温度、包装车间温度、各区域管理等作为关键控制点。

受行业特点限制，航空食品企业与航空公司有着非同寻常的密切关系。目前我国国内航空餐主要来自以下三种配餐公司：航空公司旗下的配餐公司、机场旗下的配餐公司和不依托航空公司和机场而独立存在的配餐公司。

7.2.3　小型餐饮业的食品安全特点及信息化管理

小型餐饮业是指面积小于 $100m^2$，通常为 2 ～ 5 人的家庭式经营的食品经营业态，包括小型餐馆、小吃店、快餐店、饮品店等。小型餐饮分布在人群较为密集的大街小巷、小区楼院、厂区、医院、学校周边等，虽然供餐人数不多，但人流量通常很大。据统计，小型餐饮服务提供者占了餐饮业的 90% 以上。但小型餐饮在为我们提供方便的同时，也存在着食品安全隐患。

现阶段，针对小型餐饮业的管理还无法依照大型餐饮业的标准而设立准入门槛，使得对小型餐饮业的监管陷入一种"管也管不好"的尴尬境地。针对这一特点，食品安全监督部门重在强化食品安全底线，对其操作场所及操作空间布局提出硬性要求，同时也大力推行餐饮食品安全等级标识制度，即在所有小型餐馆、快餐店、小吃店等餐饮服务单位均根据食品安全检查结果悬挂卡通标识："大笑"为优秀；"微笑"为良好；"平脸"为一般。据此，消费者可以轻松判断一个餐饮单位的食品安全等级。

2012 年，国家食品药品监督管理总局发布《关于实施餐饮服务食品安全监督量化分级管理工作的指导意见》（以下简称《意见》），将餐饮服务食品安全监督量化等级分为动态等级和年度等级等。

动态等级为监管部门对餐饮服务单位食品安全管理状况每次监督检查结果

的评价。动态等级分为优秀、良好、一般三个等级，分别用"大笑""微笑""平脸"三种卡通形象表示。

　　年度等级为监管部门对餐饮服务单位的食品安全管理状况在过去 12 个月期间的监督检查结果的综合评价。年度等级分为优秀、良好、一般三个等级，分别用 A、B、C 三个字母表示。

　　根据《意见》的评定标准，餐饮服务食品安全监督动态等级评定，由监督人员按照《餐饮服务食品安全监督动态等级评定表》进行现场监督检查并评分。评定总分除以检查项目数的所得为动态等级评定分数。检查项目和检查内容可合理缺项。评定分数在 9.0 分以上（含 9.0 分）的，为优秀；评定分数为 8.9 分至 7.5 分（含 7.5 分）的，为良好；评定分数为 7.4 分至 6.0 分（含 6.0 分）的，为一般。评定分数在 6.0 分以下的，或 2 项以上（含 2 项）关键项不符合要求的，不评定动态等级。

　　餐饮服务食品安全监督年度等级评定，由监督人员根据餐饮服务单位过去 12 个月期间的动态等级评定结果进行综合判定。年度平均分在 9.0 分以上（含 9.0 分）的，为优秀；年度平均分为 8.9 分至 7.5 分（含 7.5 分）的，为良好；年度平均分为 7.4 分至 6.0 分（含 6.0 分）的，为一般。

　　《意见》规定，对造成食品安全事故的餐饮服务单位，要求其限期整改，并依法给予相应的行政处罚，6 个月内不给予动态等级评定，并收回餐饮服务食品安全等级公示牌；同时监管部门加大对其监督检查频次，6 个月期满后方可根据实际情况评定动态等级。动态等级评定过程中，发现餐饮服务单位存在严重违法违规行为，需要给予警告以外行政处罚的，2 个月内不给予动态等级评定，并收回餐饮服务食品安全等级公示牌；同时监管部门加大对其监督检查频次，2 个月期满后方可根据实际情况评定动态等级。

　　《意见》还要求，餐饮服务食品安全等级公示牌应摆放、悬挂、张贴在餐饮服务单位门口、大厅等显著位置，严禁涂改、遮盖；对于动态等级评定为较低等级的，餐饮服务单位可在等级评定 2 个月后向属地监管部门申请等级调整，经评定达到较高动态等级的，监管部门调整动态等级。

7.2.4　餐饮业食品安全监督管理方法

　　餐饮业食品安全监督管理方法较为多样，需要结合实际食品安全监督管理工作的需求，按照相应的方法加以落实。具体来说，主要有以下几点方法可供参考。

1. 应用数字系统监督管理方法

让餐饮业的食品安全监督管理方法与当前的高新技术相结合，注重发挥数字系统的积极作用，既有助于创新餐饮业食品安全监督管理的工作模式，又能为食品安全监督管理工作提供技术支撑。数字系统的应用能够促进行政许可、监督抽查、移动执法等信息化手段的实施，为餐饮服务单位食品安全信息数据的收集、上报、信息共享等提供很大便利，对提高食品安全监督管理工作效率也能发挥积极作用。在实际的管理工作中，通过数字系统移动终端就能查询餐饮服务单位的基础性信息，在监督管理的效率方面有所保障。

2. 实施食品安全监督抽样管理方法

餐饮业食品安全监督抽样管理是重要的监管方法之一。在实施时，需要对食品按照不同的批次实施检查，如将农贸市场果蔬有毒有害物质残留的检测工作做好，从而避免有毒有害食品流入群众餐桌。在抽样监督管理方法的应用中，不仅要建立有毒有害物质残留检测室以进行快速检测，还要注重市场的规范建设，为市民提供免费的有毒有害物质残留检测服务站，保障食品原料的安全。

3. 实施食品安全监督检查管理方法

餐饮业食品安全监督管理方法多种多样，因此需要从多角度进行考虑，通常采用监督检查的方式来进行管理。从日常巡查及专项监督检查方面按照《食品安全法》进行操作执行，加大对辖区范围内的餐饮业食品生产销售的检查力度。

从市场巡查工作的执行情况看，检查涉及的内容中主要有查看《食品经营许可证》、确认直接接触食品的人员持有《健康证》、确认食品原料按照要求存储、确认加工食品设备以及餐具在消毒方面达标等。在专项监督检查工作的实施中，主要加强对某类食品的监督检查，如瘦肉精牛羊肉以及注水猪肉等，从而有针对性地进行监督检查。

7.2.5　餐饮业食品安全监督管理强化措施

餐饮业食品安全监督管理工作的开展需要从强化措施的实施方面加强重视。

1. 建立完善的监督管理体系

强化餐饮业食品安全监督管理的实施工作，需要有完善的体系作为支撑。落实食品安全监督管理协作机制，协调好各部门、单位的安全监督管理职责，让食品安全委员会的协调职能得到充分发挥。加强综合协调机制建设，包括跨部门食品安全状况联合执法制度与信息通报制度等。监督管理人力资源要与实际需求相结合，从而让人力资源得到合理化分配，建设强大的专业化监督管理队伍。做好食品安全专业技能培训工作以及安全监管素养培训工作。进一步规范食品安全监管机构追责制度，从而保障食品安全监督管理工作高效开展。及时调整监管思路，可采用随机执法模式，并建立明确的责任体系及制定处罚措施。随机执法模式的运用能让餐饮服务单位处于随时被调查的状态，有助于提高餐饮服务单位的食品安全管理质量，提高餐饮业的食品安全监督管理质量；从责任制度建设方面加强重视，制定严格的经济处理和从业禁入等相应处罚措施，规范餐饮服务单位，从责任上进行明确和落实，有助于随机执法具体工作的有效开展。

2. 提高监督管理的技术能力

加强餐饮业食品安全监督管理需运用先进的科学技术，从整体上强化食品安全监督管理工作。注重餐饮业食品安全抽检工作中的快速检测技术水平的提升。加大对基层一线的食品监管技术的投入力度，配备比较常见的检测设备和试剂等。注重监管人员的检测技能培训。通过信息化技术提高食品监管的整体效率。整合多方力量，建立协调统一的食品安全检测体系。将食品安全检测的资源进行整合，集聚涉及食品安全的检测资源，从而对食品安全检测计划进行优化。同时，加强对基层食品安全检测能力建设的重视程度，建立完善的信息平台，为食品安全监管工作的开展打下坚实的基础。

7.3 肉制品安全监督与管理

肉制品是营养价值较高的重要日常消费食品，因此也极易产生安全风险。肉制品在居民膳食结构中占有非常重要的地位。近年来，随着国民经济水平的提高，消费结构的升级，我国肉制品的需求量快速增长，消费者对于肉制品的安全、营养和品质等方面的关注度和消费需求也都在逐步提高。肉制品产业链中涉及肉类的生产、加工、销售及服务等各个环节，任何一个环节受到不安全因素的干扰或疏于监管，都将影响肉制品的安全。我国的肉制品安全工作面临不少困难和挑战。微生物和重金属污染、农药兽药残留超标、添加剂使用不规范、制假售假等问题时有发生，环境污染对食品安全的影响逐渐显现。

7.3.1 肉类制品良好生产规范

在 GB/T 20940—2007《肉类制品企业良好操作规范》中对肉类制品企业的厂区环境、厂房、设施、设备和工器具、人员管理与培训、物料控制与管理、加工过程控制、质量管理、卫生管理、成品贮存和运输、文件和记录、投诉处理和产品召回等方面的基本要求进行了规定。其中，物料控制与管理、加工过程控制、成品贮存和运输这三项要求与肉品特性及产品安全密切相关，其他各项要求与其他种类食品的要求类似，因此，以下着重对这三项要求中与产品安全特性相关的要素进行论述。

1. 物料控制与管理

肉品原辅料采购时应按照国家有关标准执行，若产品要与国际接轨，肉品生产企业应执行国际标准。在执行标准时应全面，不能人为减少标准的执行项目。采购人员要熟悉本企业生产过程中使用的各种肉品原料、肉品添加剂、肉品包装材料的品种、卫生标准和卫生管理办法，清楚这些原材料可能存在或容易发生的卫生问题。采购肉品原辅料时，需进行初步的感官检查，对卫生质量可疑的，应随机抽样，进行完整的卫生质量检查，合格后方可采购。采购的肉品原辅料，应向供货方索取同批产品的检验合格证或化验单，采购肉品添加剂时还必须同时索取定点生产证明材料。采购的原辅料必须经验收合格后方可入库，按品种分批存放。肉品原辅料的采购应根据企业肉品加工能力和贮藏条件有计划地进行，防止一次性采购过多，造成原辅料积压、变质而产生不必要的浪费。

为保证肉品原料的质量，减少损失，在运输及贮藏时要采取相应的保鲜手段。需要长时间运输的肉，应注意以下事项：①不要运送污染度高的肉。运输途中，车厢内温度应保持在 0～5℃、相对湿度 80%～90%，避免温度高于 10℃，避免肉品与外界空气直接接触。②运输车的车体要经常消毒、清洗。清洗用水应清洁卫生，运输车的结构应为不易腐蚀的金属制品，便于清扫和长期使用。③运输车应尽可能使用机械进行装卸，装卸单体肉应采用垂吊式，装卸分割肉应避免高层垛起，最好库内有货架或使用集装箱装箱，并留有一定的空间，以便冷气顺畅流通。

肉品企业必须创造一定的条件，采取合理的方法贮藏肉品原辅料，确保其卫生安全。肉品原辅料贮藏设施的要求依肉品的种类不同而不同，如鲜肉应存放在通风良好、无污染源、室温为 0～4℃的专用库内，冻肉、禽肉类原料应在 -18℃以下的冷藏库内分类贮藏。贮藏设施的卫生制度要健全，应有专人负责，职责明确。原料入库前要严格按有关的卫生标准验收合格后方能入库，并建立入库登记制度，做到同一物资先入先出，防止原料长时间积压。贮藏过程中随时检查，及时处理有变质征兆的产品，防止风干、氧化、变质。库房要定期检查，定期清扫、消毒。贮藏温度是至关重要的，温度过高会造成有害化学反应加速，微生物增殖迅速，温度过低又可能导致原辅料发生冻伤，且贮藏温度的大幅度变化，往往会带来贮藏原辅料品质的劣化。不同原辅料应分批分空间贮藏，同一库内贮藏的原辅料应不能相互影响风味，不同物理形态的原辅料也要尽量分隔放置。贮藏不宜过于拥挤，物资之间须保持一定距离，便于进出库搬运操作，且利于通风。

2. 加工过程控制

肉品生产过程就是从原料到成品的过程。根据对肉品加工方式或成品的要求不同，对肉品生产过程的要求也有差异。由于肉品的加工需要经过多个环节，这些环节可能会对肉品造成污染，且有些加工技术本身或运用不当时存在很多安全隐患，因此必须了解不同肉品生产加工工艺过程中可能造成肉品污染的来源，制定相应的生产过程卫生管理制度，提出必要的卫生要求，才可能较好地防止肉品在加工过程中受到污染。

生产企业要根据产品特点制定配方、工艺规程、岗位和设备操作责任制度以及卫生消毒制度。严格控制可能造成产品污染的环节和因素。首先，生产设备、工具、容器、场地等在使用前后均应彻底清洗、消毒。维修检查设备时，不得污染肉品。应遵循防止或有效减少微生物生长繁殖的原则，确定加工过程中各环节的温度和加工时间，如冷藏食品的中心温度应在 $0 \sim 7℃$，冷冻食品应在 $-18℃$ 以下，杀菌温度应达到中心温度 $70℃$ 以上，肉品腌制间的室温应控制在 $2℃ \sim 4℃$。其次，各工序加工好的半成品要及时转移，防止不合理的堆叠和滞留。所有生产肉品的作业（包括包装、运输和贮藏）应在符合安全卫生原则，尽可能降低微生物生长繁殖速度及减少外界污染的情况下进行，确保不因机械故障、时间延滞、温度变化及其他因素使肉品腐败或重复污染。食品添加剂的使用应保证分布均匀，并制定腌制、搅拌效果的控制措施。肉制品加工过程中应防止食品原料、半成品、成品之间的交叉污染。在食品的加工过程中各区域设施、设备、工具、容器的使用等应符合要求，避免加工前和加工后肉品之间的直接或间接接触。原料或半成品的加工人员应避免对最终产品的直接或间接接触，进行原料和半成品加工的人员在需要接触最终产品时，需先对手进行彻底清洗、消毒，更换工作服后进行。

3.成品贮存和运输

成品包装应在良好状态下进行，防止将异物带入肉品。冷藏食品保存在7.2℃以下的适宜温度，热的食品保持在60℃以上，防止不良微生物快速繁殖危害食品。使用的包装材料，应完好无损，符合国家卫生标准。运输原辅料及成品的工具应符合卫生要求，并根据产品特点配备防雨、防尘、冷藏、保温等设施。所有运输车辆、容器应及时清洁消毒。需冷藏肉制品的冷藏库的温度、湿度应符合产品工艺要求，并配备温湿度监控显示装置。应采用不影响产品卫生品质和包装的妥善方式装卸和销售产品，并保证产品在保质期内符合相应卫生标准和要求的规定。

7.3.2　肉制品安全监管建议

1.企业角度

HACCP体系是确保肉类产品质量安全的基础方法，可以最大限度地减小肉制品企业生产各环节的安全危害。《食品安全法》第48条规定，国家鼓励食品生产经营企业符合良好生产规范要求，实施危害分析与关键控制点体系，提高食品安全管理水平。肉类生产企业要根据自身条件，制定符合自身的质量管理体系。一般地，对中小型企业来说，其产品种类繁多而每种产品的产量又不大，应重视建立和完善GMP系统，而对大型企业，尤其是产品种类较少而每种产品的产量又很大，或者产品主要供应国际市场的企业来说，则应着重考虑建立和实施HACCP质量管理体系。只有不断提高企业在生产加工过程中安全卫生的管理水平，采用科学的工艺流程，严格执行各项标准操作程序，定期做好工厂环境、设施的彻底清洗消毒工作，加强人员培训和自检自控，才能有效控制并降低肉制品生产中的安全风险。

为有效降低肉制品生产中的安全风险，使肉品生产企业有能力提供符合法律法规和消费者要求的安全肉制品，在GB/T 20809—2006《肉制品生产HACCP应用规范》中，对肉制品生产企业建立、实施及改进HACCP体系过程中的要求进行了规定。其中，与安全信息采集、监控及预警密切相关的危害分析要点介绍如下。

在整个加工过程中，危害的来源是多方面的，如原辅料、加工设备、加工过程、包装、储运等方面。各个环节是相互联系的过程，肉制品质量变化存在于各个环节中。无论是在哪个环节中产品质量发生了变化，都有可能导致最终产品质量问题的出现，从而增加安全隐患的发生概率。危害分析强调的是对危害出现的可能性进行分类，对危害的程度进行定性或定量评估，以建立有效的应对措施。在 HACCP 体系中，需要对每一个加工环节的肉制品质量变化进行识别，对每一个危害都要有相应、有效的预防控制措施，通过控制危害的来源减少危害的出现，使其达到可接受的水平。危害控制也是进行过程控制的关键因素。

（1）原料肉

肉制品生产的原料一般为冷冻或冰鲜畜禽肉，应在 -18℃以下的冷藏库内分类贮藏。鲜肉应在 0～4℃冷藏。肉质的质量直接影响到产品的品质。原料肉的危害主要来自病原微生物、寄生虫、兽药残留等。肉源本身可能携带的致病菌有大肠杆菌、李斯特菌、弯曲杆菌、沙门氏菌等，兽药残留有盐酸克伦特罗（瘦肉精）、莱克多巴胺、兴奋剂类药物，以及超标使用或过量使用的激素、抗生素等。设置严格的进货关卡，原料验收时供应商应提供动物检验检疫合格证明、非疫区证明、动物及产品运载工具消毒证明，并按照规定进行后续热加工，以达到杀灭病原菌的目的。同时，对原料肉中可能存在的金属、泥沙、碎石等夹杂物，应通过金属探测仪、X 光仪、感官评定等检验方式，消除物理性危害。

（2）辅料

肉制品所用辅料主要为淀粉、香辛料、调味料等。这些辅料可能带有的病原菌如虫卵、霉菌等，易造成生物性危害。调味料如酱油等可能含有黄曲霉毒素，香辛料如肉桂、胡椒等可能含有重金属、农残超标。化学性危害企业可通过供应商评价准则的引入，结合 28 类辅料供应商的市场准入制度的实行，有效减少辅料带来的各种危害。熟肉制品中直接接触的包装材料有天然动物肠衣和合成肠衣。天然动物肠衣可能带有病原菌，化学合成的肠衣可能存在卫生方面的问题，如包装本身含有的毒性、未聚合的毒性，接触后会增加有害物质向食品迁移的可能性。针对这样的危害，可通过选择合格供方的方式进行控制，通过执行 HACCP，坚决不接收不合格供方的产品。

（3）原料肉解冻

在进行原料肉的解冻时，温度、时间控制不当会造成病原菌增殖。解冻间温度过高，会使微生物大量繁殖；空气不净会造成原料肉的污染。因此，解冻过程中可能的危害主要为生物性危害，尤其是病原菌的增殖。解冻间环境温度根据各种生产工艺不同而有所不同，一般解冻间环境温度要求控制在 18℃以下，可通过蒸汽加热或制冷机制冷来调节温度。环境湿度要求在相对湿度 80% 以上，解冻后的原料肉的中心温度应控制在 4℃以下。

（4）原料肉修整

原料肉修整过程中出现的碎骨，可通过触摸来挑选，可通过使用金属探测仪，对金属异物进行检测。修整过程中应注意对温度的控制，时间过长容易造成交叉污染，引入外来杂质。

（5）辅料配制

由于辅料的称量在后续过程中无法纠正，因此辅料（如食品添加剂）的含量如果不准确的话，将会影响肉制品的品质。要严格按照批准的配方及工艺进行辅料配比混合，液状或膏状的辅料要单独称量存放。亚硝酸盐等食品添加剂要由专人保管，单独存放，并做好使用记录。可通过复核的方法来验证称量操作的正确性。辅料配制环节一般要作为关键控制点。

（6）腌制、滚揉工序

有腌制、滚揉加工工序的产品，腌制、滚揉前及该工序中的肉温均应控制在0～4℃，且要有防止异物混入肉料的措施。

（7）斩拌、乳化、预煮及充填工序

斩拌和乳化前的肉温均应控制在0～4℃，要有防止异物混入肉料的措施；斩拌时的肉温应控制在12℃以下；预煮应达到工艺规定的程度，取出立即冷却至20℃以下；腌制或斩拌好的肉馅在充填、结扎前的温度应控制在12℃以下，并应检查肉馅中是否有异物以及核准生产日期。

（8）热加工

一般来源于原料或前序生产工艺环节中引入了致病微生物，通过充分的煮制，可达到杀灭致病微生物的目的。煮锅加热是企业中一种传统的加热方式，但加热的效果，依赖于对产品加热的温度、时间的控制。因此需要通过控制，确保病原菌在持续的高温及足够的时间下可以被杀死，确保微生物的残留和病原菌的残存在可控范围内。热加工前半成品的温度应控制在12℃以下，要根据具体工艺确定不同产品的热加工温度及时间。一般来讲，低温肉制品热加工时产品中心温度应达到68℃以上；高温肉制品一般采取高压杀菌方式，杀菌温度为104℃～121℃，杀菌程度应达到产品的中心F值大于3。二次包装后的产品应进行二次杀菌。

（9）冷却

杀菌后的产品应迅速冷却，产品中心温度应降至20℃以下，并迅速进入成品库。

（10）金属检测

在加工过程中，肉制品接触金属设备及零件相对较多，设备维修的零件、破损都有可能造成最终产品中引入金属碎片危害。利用金属探测仪，对产品中可能存在的金属异物进行检测，可提高产品的安全性。

（11）外包装

包装间温度过高或手的消毒不彻底可能导致细菌繁殖，毛发、破碎的手套等可能在员工工作过程中被引入，因此，对直接接触产品的工器具必须进行严格的冲洗消毒，对手套和工作服必须进行清洗和消毒，以防止造成对产品的污染。

2. 监管机构角度

在养殖环节中，养殖环境、养殖用水、饲料质量、过程用药等因素都会影响畜禽产品品质，因而需要从源头开始，对养殖环境进行改善。养殖用水和饲料质量的严格把控，选药合理、用药避免超量滥用，休药期的严格执行等是保证畜禽产品质量的必要措施。一方面，要对养殖投入品进行严格的监督检查、质量把控，同时做好产地检验检疫工作，确保出栏畜禽的健康品质。另一方面，应加大执法力度，严厉打击销售违禁药物和违规使用兽药行为，对检测出动物产品含有违禁药物、添加剂或药物残留超标的案件及时严肃处理，加大惩处力度，必要时进行刑事处分。

在风险预警系统中，监管机构可以参考现有风险监测数据和监督抽查数据，对肉类产品安全风险进行二次挖掘。可根据分析数据中各项指标的检出率、合格率、区域性分布特点和趋势情况，绘制出兽药、重金属、食品添加剂、非食品原料等肉类食品安全风险分类数据图谱，从而构建食品安全风险预测模型。这些对形成肉类食品安全风险预警决策具有重要作用。

3. 标准制定机构角度

党中央、国务院历来对畜禽养殖屠宰管理工作高度重视。当前，我国制定了一些畜禽屠宰加工标准，初步形成了畜禽屠宰标准体系，但涉及畜禽种类不够全面，一些畜禽种类屠宰规定缺少国家强制性标准，总体上尚未形成一套完整的畜禽屠宰标准体系，还不能满足畜禽屠宰行业发展的要求，也无法有效支撑畜禽屠宰监管工作。因此，建立健全畜禽屠宰标准体系势在必行，要构建以国家标准、行业标准为主体，地方标准、团体标准和企业标准为补充的标准体系，使得各类标准相互衔接、相互协调、相互配套，完整、全面而统一。

7.4 乳制品安全监督与管理

7.4.1 乳制品生产企业要求

乳制品生产企业的选址及厂区环境应按照有关规定执行。以牛乳（或羊乳）及其加工制品等为主要原料加工各类乳制品的生产企业在生产过程中宜遵守 GB/T 27342—2009《危害分析与关键控制点（HACCP）体系 乳制品生产企业要求》的要求。

乳制品生产对厂房和车间、设备、卫生管理、原料和包装材料、生产过程的食品安全控制、检验、产品的贮存和运输、产品追溯和召回、培训、管理机构和人员、记录和文件的管理等多个方面都有着一定的要求。其中，原料和包装材料、生产过程的食品安全控制、产品的贮存和运输这三项要求与乳制品特性及产品安全密切相关，其他各项要求与其他种类食品的要求类似，因此，以下着重对这三项要求中与产品安全特性相关的要素进行介绍。

1. 原料和包装材料

一般情况下，乳制品生产企业应建立与原料和包装材料的采购、验收、运输和贮存相关的管理制度，确保所使用的原料和包装材料符合法律法规的要求。乳制品生产企业不得使用任何危害人体健康和生命安全的物质。部分企业自行建设的生乳收购站也应符合国家和地方相关规定。

在原料和包装材料的采购过程中，企业应建立供应商管理制度以及原料和包装材料进货查验制度。使用生乳的企业应按照相关食品安全标准逐批检验收购的生乳，如实记录质量检测情况、供货方的名称以及联系方式、进货日期等内容，并查验运输车辆生乳交接单。企业不应从未取得《生鲜乳收购许可证》的单位和个人购进生乳。企业对所购原料和包装材料进行检验合格后方可接收与使用。企业应如实记录原料和包装材料的相关信息。经判定拒收的原料和包装材料应予以标识，单独存放，并通知供货方做进一步处理。如果发现原料和包装材料存在食品安全问题时，应向本企业所在辖区的食品安全监管部门报告。

生产企业应按照保证质量安全的要求运输、贮存原料和包装材料。生乳的运输和贮存容器应符合相关国家安全标准。生乳在挤奶后 2 小时内应降温至 0 ~ 4℃，采用保温奶罐车运输。运输车辆应具备完善的证明和记录。生乳到厂后应及时进行加工，如果不能及时处理，应有冷藏贮存设施，并进行温度及相关指标的监测，做好记录。原料和包装材料在运输和贮存过程中应避免太阳直射、雨淋及强烈的温度、湿度变化与撞击等；不应与有毒、有害物品混装、混运。在运输和贮存过程中，应避免原料和包装材料受到污染及损坏，并将品质的劣化降到最低程度；对有温度、湿度及其他特殊要求的原料和包装材料应按规定条件运输和贮存。在贮存期间，应按照不同原料和包装材料的特点分区存放，并建立标识，标明相关信息和质量状态。要定期检查库存原料和包装材料，对贮存时间较长、品质有可能发生变化的原料和包装材料，应定期抽样确认品质；及时清理变质或者超过保质期的原料和包装材料。使用合格原料和包装材料时应遵照"先进先出"或"近效期先出"的原则，合理安排使用。保存原料和包装材料采购、收发、贮存和运输记录。

2. 生产过程的食品安全控制

（1）微生物污染的控制

微生物的生长繁殖与环境温度、湿度及时间密切相关，因此，应根据乳制品的特点，选择适当的杀灭微生物或抑制微生物生长繁殖的方法，如热处理、冷冻或冷藏保存等。对需要严格控制温度和时间的加工环节，应建立实时监控和定期验证措施，并保持监控记录。此外，应根据产品和工艺特点，对需要进行湿度控制区域的空气湿度进行控制，以减少有害微生物的繁殖。当然，生产区域的空气洁净度也与产品安全性密切相关，生产车间应保持空气的清洁，防止污染食品。一般来讲，按 GB/T 18204.3—2013 中的自然沉降法测定，清洁作业区室气中的菌落总数应控制在 30CFU/ 皿以下。对从原料和包装材料进厂到成品出厂的全过程需采取必要的措施，防止微生物的污染。用于输送、装载或贮存原料、半成品、成品的设备、容器及用具，其操作、使用与维护也要避免对加工或贮存中的食品造成污染。若在加工中有与食品直接接触的冰块和蒸气，其用水也应符合 GB 5749 的规定。虽然在食品加工中蒸发或干燥工序中的回收水以及循环使用的水可以再次使用，但一定要确保其对食品的安全和产品特性不造成危害，必要时应进行水处理。

（2）化学污染的控制

化学污染的控制需分析可能的污染源和污染途径，并提出控制措施。如应选择符合要求的洗涤剂、消毒剂、杀虫剂、润滑油，并按照产品说明书的要求使用；对其使用应做登记，并保存好使用记录，避免污染食品的危害发生。化学物质应与食品分开贮存，明确标识，并应有专人对其进行保管。

（3）物理污染的控制

物理污染的控制主要通过采取设备维护、卫生管理、现场管理、外来人员管理及加工过程监督等措施，确保产品免受外来物（如玻璃或金属碎片、尘土等）的污染。此外，也要采取有效措施（如设置筛网、捕集器、磁铁、电子金属检查器等）防止金属或其他外来杂物混入产品中。不能在生产过程中进行电焊、切割、打磨等工作，以免产生异味、碎屑。

（4）食品添加剂的控制

企业要依照食品安全标准规定的品种、范围、用量，合理使用食品添加剂。在使用时应对食品添加剂准确称量，并做好记录。

（5）包装材料的控制

乳制品的包装材料应清洁、无毒且符合国家相关规定。包装材料或包装用气体应无毒，并且在特定贮存和使用条件下不影响食品的安全和产品特性。内包装材料应能在正常贮存、运输、销售中充分保护食品免受污染，防止损坏。可重复使用的包装材料（如玻璃瓶、不锈钢容器等）在使用前要彻底清洗，并进行必要的消毒。在包装操作前，要对即将投入使用的包装材料标识进行检查，避免包装材料的误用。

3. 产品的贮存和运输

乳制品的安全特性与贮存和运输条件密切相关，因此，应根据乳制品的种类和性质选择适当的贮存和运输方式，并符合产品标签所标识的贮存条件。在乳制品的贮存和运输过程中，应避免日光直射、雨淋以及剧烈的温度、湿度变化和撞击等，以防止乳制品的成分、品质等受到不良的影响；不应将产品与有异味、有毒、有害物品一同贮存和运输。用于贮存、运输和装卸的容器、工具和设备应洁净、安全，处于良好状态，防止产品受到污染。仓库中的产品应定期检查，必要时应有温度记录和（或）湿度记录，如有异常应及时处理。产品的贮存和运输应有相应的记录，产品出厂应有出货记录，以便发现问题时，可迅速召回。

7.4.2　乳制品生产企业的信息化管理的要求

为了满足《食品安全法》及其相关法律法规与标准对食品安全的监管要求，乳制品生产企业的计算机系统，需形成从原料进厂到产品出厂各环节的有助于食品安全问题溯源、追踪、定位的完整信息链，应能按照监管部门的要求提交或远程报送相关数据。乳制品生产企业的计算机系统应符合（但不限于）以下要求。

①系统应能够实现对原料采购与验收、原料贮存与使用、生产加工关键控制环节监控、产品出厂检验、产品贮存与运输、销售等各环节与食品安全相关的数据采集和记录保管。系统应能对本企业相关原料、加工工艺以及产品的食品安全风险进行评估和预警。

②系统和与之配套的数据库应建立并使用完善的权限管理机制，保证工作人员账号/密码的强制使用，在安全架构上确保系统及数据库不存在允许非授权访问的漏洞。在权限管理机制的基础上，系统应实现完善的安全策略，针对不同工作人员设定相应策略组，以确定特定角色用户仅拥有相应权限。系统所接触和产生的所有数据应保存在对应的数据库中，不应以文件形式存储，确定所有的数据访问都要受系统和数据库的权限管理控制。

③对机密信息采用特殊安全策略，确保仅信息拥有者有权进行读、写及删除操作。如机密信息确需脱离系统和数据库的安全控制范围进行存储和传输，应确保对机密信息进行加密存储，防止无权限者读取信息。在机密信息传输前产生校验码，校验码与信息（加密后）分别传输，在接收端利用校验码确认信息未被篡改。

④如果系统需要采集自动化检测仪器产生的数据，系统应提供安全、可靠的数据接口，确保接口部分的准确性和高可用性，保证仪器产生的数据能够及时准确地被系统所采集。

⑤应实现完善、详尽的系统和数据库日志管理功能，包括：系统日志，记录系统和数据库每一次用户登录情况（用户、时间、登录计算机地址等）；操作日志，记录数据的每一次修改情况（包括修改用户、修改时间、修改内容、原内容等）。系统日志和操作日志应有保存策略，在设定的时限内，任何用户（不包括系统管理员）不能够删除或修改，以确保一定时效的溯源能力。

⑥详尽制定系统的使用和管理制度，要求至少包含以下内容：对工作流程中的原始数据、中间数据、产生数据以及处理流程的实时记录，确保整个工作过程能够再现。a.详尽的备份管理制度，确保故障灾难发生后能够尽快完整恢复整个系统以及相应数据。机房应配备智能UPS不间断电源并与工作系统连接，确保外电断电情况下UPS接替供电并通知工作系统做数据保存和日志操作（UPS应能提供保证系统紧急存盘操作时间的电力）。b.健全的数据存取管理制度，保密数据严禁存放在共享设备上，部门内部的数据共享也应采用权限管理制度，

实现授权访问。c.配套的系统维护制度，包括定期的存储整理和系统检测，确保系统的长期稳定运行。d.安全管理制度，需要定期更换系统各部分用户的密码，限定部分用户的登录地点，及时删除不再需要的账户。规定外网登录的用户不应开启和使用外部计算机上操作系统提供的用户/密码记忆功能，防止信息被盗用。

⑦当关键控制点实时监测数据与设定的标准值不符时，系统应能记录发生偏差的日期、批次以及纠正偏差的具体方法、操作者姓名等信息。

⑧系统内的数据和有关记录应能够被复制，以供监管部门进行检查分析。

7.4.3 液态乳制品安全监管机制

在大部制改革后，监管部门在职能方面获得了统一，对液态乳生产流通的整个过程进行了覆盖。各区域分局要在国家市场监督管理总局的安排下做好属地范围内乳制品质量安全监管，同时政府也要积极建立新的安全监管模式，更好地满足工作开展需求。

1. 销售终端监管

在液态乳制品流向市场的过程中，销售环节可以说是最后的关卡，是以往安全事故的多发阶段，也是管理部门职能履行的关键点。在实际监管过程中，监管机构需要以定期、不定期的方式对液态乳制品进行常态化抽样检查，同时在机构内部要明确设置职责分队，以保证液态乳制品在市场流通中的安全性。

①定点等级销售。我国对乳制品应用了市场准入制度，其中定点登记销售是最基本的要求。该方式不仅便于执法检查，还能避免部分黑心商家贩卖劣质商品。

②实行准入召回制度。目前，市场中流通的液态乳制品类型、品牌较多，监管机构需要对部分套牌、贴牌品牌进行严厉打击，在追溯到问题产品原产地后从源头上消除安全隐患，切实执行市场准入召回制度。

2. 源头监管

在液态乳制品质量控制中，保证奶源的可控、安全是重点环节。在实际工作中需要将奶源作为重点进行监控。

①强化奶牛培育。管理部门需要做好职能发挥，为本地区做好高品质奶牛的引进与培育，定期抽样检查奶牛的身体状态，为奶牛品质做出保证。

②防止兽药滥用。在我国，许多奶牛散养户受技术水平影响，在具体管理中存在较为随意的情况。不仅存在管理不当引发疾病的现象，其优胜劣汰机制也不健全。此外，兽药滥用导致牛奶中抗生素和激素残留超标。

③加强饲料监控。在市场中无公害奶的受欢迎程度较高，而自然生长草场无法满足奶牛需要的所有营养，所以放牧牛需要适量的人工补饲。因此，需要监管部门强化对饲料的检测，避免出现使用发霉饲料、牧草的情况。

3. 供应链监管

（1）奶源储存环境

在采集奶源后，需要在2小时内冷却到4℃，监管部门应要求农户、制奶站都能够建立冷藏系统，保证奶源具有良好的储存环境。

（2）推行冷链运输

液态乳制品具有装运难度大、容易腐败的特点，在实际运输中对环境温度要求较高，需要做好冷链运输的监管。

（3）建立质量安全追溯系统

应用RFID标签、二维码技术做好对奶源的记录与监控，同时运用物联网技术实行智能互连，可有效追溯乳制品的质量安全，并及时意识到存在的安全隐患。

4. 消费层面监管

在液态乳制品的销售过程中，消费者是重要的受众主体。消费者应不断提升自己的安全意识，积极运用法律法规捍卫自己的合法权益，以维护良好的乳制品市场环境。监管机构应该做好消费层面的监管工作，维护消费者的合法权益。

（1）终端销售监管

在零售环节中，要形成良好、诚信的销售氛围，杜绝出现销售过期乳制品的情况，避免三无产品进入市场中，加强质量安全管理。

（2）监控零售价格

在市场中经常会出现流动商贩以较低价格促销乳制品的情况。这种情况存在两种可能，一部分是企业的正常竞争行为，另一部分是无资质小作坊生产的不具有质量保证的产品，监管部门应当加强对这部分低价产品的监管。

（3）要积极鼓励消费者维护自身的合法权益

对液态乳制品来说，其价格相对较低，能够被大众所接受。当消费者购买到劣质产品后，很少进行相应的维权行为，这与以往维权代价过高、监管混乱情况的存在具有一定的关联。监管部门应当积极鼓励消费者加入维权队伍中，对科学的沟通交流渠道进行架设，如网站、微信公众号等，形成良好的管理局面。

5. 加强法制体系建设

同国外部分国家相比，我国关于乳制品方面的法规还不完善。虽然目前我国的法律法规已经达到了一定的覆盖面，但在法规体系方面还需要做进一步细化处理，尤其对一些监管交叉部门的法规建设更要做好细化处理，避免存在监管漏洞。

（1）完善监管体系

如果法规体系过于笼统，在具体执行时对企业和政府监管都存在制度盲区，那么就需要及时修订，做到量化处理，保证其具有较好的可执行性。

（2）厘清法律体系

在管理机构的调整中，相关部门应做好法律条款的厘清工作，并及时做好法律条款的修订与增删工作。

7.5　水产品安全监督与管理

水产品的质量安全问题关系到人民群众的身体健康和水产行业的健康发展。严格的质量安全监督管理体制是保证水产品安全质量的前提。

7.5.1　水产养殖安全控制管理

1. HACCP 管理体系在水产品安全生产中的应用

我国目前主要在出口食品企业中实施 HACCP 体系，其在水产养殖业中的应用还处于起步阶段，主要是受我国的水产养殖规模、技术能力以及成本等因素制约。近年来，我国在渔业水质、苗种、饲料、水产药物和管理等方面陆续发布了许多相关标准，形成了以国家标准、行业标准为主体，地方标准、企业标准与国家标准、行业标准相衔接、相配套的水产标准体系。这些标准为制定水产养殖中的 HACCP 体系提供了重要的理论依据。同时，水产养殖示范区的推行，使水产养殖管理走上规范化、有序化的发展道路，也使 HACCP 体系在水产养殖中的应用更具有可操作性和实践指导性。对水产养殖示范区 HACCP 模式构建流程的介绍如下。

（1）水产养殖示范区规范化养殖流程

水产养殖示范区的规范化养殖流程包括：养殖基地选址，苗种来源，苗种放养，养殖生产，捕捞上市。其中，水质监控、饲料供应、疾病防治等日常管理贯穿其中，形成一个统一的整体。根据 HACCP 体系的 7 个基本原理，通过对水产养殖示范区规范流程中每个步骤的技术要求进行研究分析，识别出可能影响安全生产的显著危害，对其加以评估和控制，为关键控制点的设定提供可靠的依据，确定关键限制标准，同时确定预防、监控及纠正措施，将可能发生的水产品安全危害消除在养殖过程中。当具体到为某一特定的养殖场制定 HACCP 计划时，必须考虑各个养殖场的具体情况。

（2）养殖过程危害分析

危害分析是对水产养殖过程中各个环节存在和潜在的所有生物、化学、物理方面的危害因素进行分析判断，对影响水产品安全的任何危害，都要采取相应的预防控制措施，将其消除或降低到可接受水平。对其中存在显著危害的环节必须设定一个或多个控制点进行控制，并确立关键控制点。对未被列为关键控制点的显著危害，应有相应的其他措施（如良好水产养殖规范、卫生操作规范等）进行危害控制。

（3）养殖示范区的选址和设计

养殖示范区的选址、设计必须严格进行，否则会带来化学污染。一是土壤中可能存在的危害，如在池塘养殖中，酸性土壤会降低水体的 pH 值，使土壤中的金属析出并在水体中富集。如果池塘与农田或工矿区相连，杀虫剂或农药等化学物质、石油或石油产品、重金属、有机物及放射性物质等都可能会污染池塘底泥从而影响养殖水质，降低水产品的食用安全性。二是养殖水源和水质的潜在危害，如城市污水、工业废水、农田污水未经处理任意排放，加之农药、化肥的大量使用，都可能带来过量的重金属、农药、病毒细菌等化学和生物污染。同时，养殖过程中的残饵和水产动物排泄物积累，容易造成养殖水质恶化。水鸟携带有霍乱弧菌和沙门氏菌的致病菌株，是养殖场中致病菌的一个可能的来源。因此，养殖环境和水源水质应作为关键控制点。

（4）苗种来源

苗种来源不正规或苗种本身药物残留、重金属超标会直接影响鱼的品质，使鱼体免疫力低下，无法正常抵御疾病，生长缓慢，环境适应能力降低。同时，鱼体内可能带有致病微生物，其潜伏期可能很长。因此，苗种来源也应作为关键控制点。

（5）饲料供应

饲料的安全性直接影响水产品的安全性。饲料主要有配合饲料、鲜活饵料等。配合饲料原料可能被有毒有害物质、农药等污染。在养殖生产中使用这类饲料会导致养殖的水产动物生长缓慢或致病，也会引起水产品体内有毒有害物质含量过高从而影响消费者的食用安全。配合饲料的另一危害主要是各种添加剂，如药物、诱食剂和黏合剂等，都会在饲料供应环节引入危害。鲜活饵料的安全性体现在容易腐败变质，投喂不新鲜的饵料易引起水产动物患肠胃疾病。另外，贮存饲料的场地潮湿，不通风透气，鼠害、虫害等都可能污染饲料。基于此，饲料供应要作为关键控制点。

（6）渔药的采购和使用

渔药的危害主要为药物的滥用、超标使用和非法使用，还有禁用药的使用。目前市场上的渔药种类繁多，有许多种类没有标明药物的主要成分和含量，导致出现个别使用违禁药物的行为。另外，在养殖区域使用杀虫剂、除草剂、杀菌剂、防腐剂和抗氧化剂等也会污染养殖水体，药物可能在水产动物中富集，存在化学危害。该项应作为关键控制点。

确定养殖生产过程中的关键控制点后，应建立关键限值和有效的监控程序，建立纠偏措施、验证程序和记录保持程序。经危害分析，水产养殖中可确定五个关键控制点：养殖环境、水源水质、苗种来源、饲料供应、渔药使用。水产养殖管理中，可根据相关法律法规及其标准，确定关键控制点的关键限值。不同养殖场，其关键控制点可因具体情况有所不同。

2. GAP 管理体系在水产品安全生产中的应用

在水产养殖场实施良好水产养殖规范（GAP）管理，可使水产品质量从产生、形成到实现都受到连续、稳定、有效的控制。推动有条件的养殖场在其现有的水产养殖生产系统的基础上开展 GAP 管理的研究与示范，对我国水产养殖企业生产规范化和标准化、保证食品安全和促进农业的可持续发展具有重要意义。

建立 GAP 管理体系需要充分的策划。养殖场的最高管理者应亲自负责主持此项工作的开展，并应对遵守相关法律法规和标准要求做出承诺，对持续改进和预防食品安全危害做出承诺。

GAP 管理体系建立和实施的过程包括：制定养殖产品质量安全方针；识别影响水产品质量安全风险因素并评价其风险级别；识别适用法律法规和标准，以及养殖场应遵守的其他环保和劳工法规要求，确定养殖产品质量安全的目标和指标；建立组织机构，制定管理方案，以实施养殖质量安全方针、实现目标和指标；开展策划、控制、监测、预防及纠正措施和评审活动，以确保对养殖产品质量安全方针的遵行和 GAP 体系的适宜性；根据客观条件的变化对体系进行完善和修正。

如能应用目前电子计算机管理和网络技术，既可提高管理效率，又能与国家渔业质量安全监督机构和病害防疫中心的网络连接，从而构建出一个方便快捷的可追溯体系和水产养殖生产的电子管理系统。

7.5.2　水产品质量安全监管

《广东省水产品质量安全条例》（以下简称《条例》）是由广东省制定颁布的、全国第一部地方性有关水产品质量安全方面的法规，于 2017 年 9 月 1 日起正式施行。该《条例》中心思想突出，内涵丰富，外延广泛，可操作性极强，是当下广东省水产品质量安全工作的最高纲领和行动指南，而且在全国渔业行业具有示范和导向作用。

该《条例》共有 7 章 53 条，分别从水产品产地、水产品生产、水产品经营、监督管理、法律责任等五个方面做出了详细的规定，提出"合理布局养殖生产，安全使用投入品，规范包装标识，建立完善溯源体系，构建联动应急机制"，即实施全程监管和多方联动，消除"灰色地带"，全方位保障水产品质量安全。

在监管方面，《条例》可谓亮点颇多，如《条例》结合广东省水产品生产实际，明确了水产品生产经营者的主体责任，确定了县级以上人民政府的属地管理责任，在《条例》第三条政府职责中明确要求县级以上人民政府负责统一领导、组织、协调本行政区域内的水产品质量安全监督管理工作。而对于渔业、食品药品这两个监督管理最主要的行政主管部门，《条例》中也细化了双方的任务分工，进一步明确监管职责。其中，县级以上人民政府渔业行政主管部门，负责本行政区域内水产品生产质量安全监督管理工作，对渔业投入品的使用加强监督管理；县级以上人民政府食品药品监督管理部门，负责本行政区域内水产品进入批发、零售市场或者生产加工企业后的质量安全监督管理工作。也就是说，两部门的监管职责以"水产品进入批发、零售市场或生产加工企业前或后"为分界点进行界定。

此外，《条例》对散户、企业、合作社等所有水产品生产提出了建立生产记录的要求，加强对投入品的监管，特别是规范水质改良剂、底质改良剂使用，使这两类物质的使用和执法管理有法可依，同时规定了贮存、运输监管的要求和法律责任。《条例》明确了水产品质量安全风险监测职责和水产品监测、抽样检测规范，并明确抽查检测结果确定不符合质量安全标准的，可以作为行政处罚的依据。这实际上填补了执法管理和投入品两项监管空白。其中最突出的要求是水产品生产者尤其是养殖业者须建台账，记录苗种、饲料和药物购进、投放和使用情况，记录产品市场销售，该规定使水产品质量安全生产实现了法律化、程序化。

而在全程监管的理念中，《条例》加强了生产环节和经营环节监管对接，明确提出建立水产品质量安全追溯体系。通过将产地证明、自检合格证、标识销售等制度与水产品市场准入的入场销售证明、进货查验记录、销售记录等制度相衔接，规范生产、经营各个环节，初步构建了可追溯体系，有利于水产品生产、收购、销售、消费全链条追溯，切实保障水产品质量安全。

参考文献

［1］钱和，林琳，于瑞莲. 食品安全法律法规与标准［M］. 北京：化学工业出版社，2014.

［2］蔡健，徐秀银. 食品标准与法规［M］. 2版. 北京：中国农业大学出版社，2015.

［3］刘少伟，鲁茂林. 食品标准与法律法规［M］. 北京：中国纺织出版社，2013.

［4］彭珊珊，朱定和. 食品标准与法规［M］. 北京：中国轻工业出版社，2011.

［5］胥义，王欣，曹慧. 食品安全管理及信息化实践［M］. 上海：华东理工大学出版社，2017.

［6］李冬霞，李莹. 食品标准与法规［M］. 北京：化学工业出版社，2020.

［7］吴澎，李宁阳，张淼. 食品法律法规与标准［M］. 3版. 北京：化学工业出版社，2019.

［8］钟小庆，吴亚梅，彭朝明. 论质量安全的水产品从何而来［J］. 渔业致富指南，2019（6）：16-19.

［9］袁蒲，付鹏钰，张书芳，等. 我国食品标准发展趋势与问题分析［J］. 中国卫生标准管理，2017，8（17）：3-5.

［10］沈艳艳. 我国食品标准体系的现状及发展趋势［J］. 农产品加工，2015（21）：55-57.

［11］高宏. 大部制改革后液态乳制品安全监督管理机制研究［J］. 畜牧兽医科技信息，2019（12）：19-20.

［12］张泓，刘玉芳. 日本食品添加剂标示规则解析［J］. 渔业现代化，2010（37）：48-49.

［13］刘畅. 从警察权介入的实体法规制转向自主规制：日本食品安全规制改革及启示［J］. 求索，2010（2）：126-128.

［14］林学贵. 日本的食品可追溯制度及启示［J］. 世界农业，2012（2）：
　　　38-42.

［15］刘畅，安玉发，中岛康博. 日本食品行业 FCP 的运行机制与功能研究：
　　　基于对我国"三鹿""双汇"事件的反思［J］. 公共管理学报，2011，8
　　　（4）：96-102.

［16］张锋. 日本食品安全风险规制模式研究［J］. 兰州学刊，2019（11）：
　　　1-10.

［17］杨艳芬. 发达国家食品安全监管现状及对我国的启示［J］. 中国果菜，
　　　2018，38（9）：14-17.

［18］顾凯辰，常志荣，魏婷，等. 日本及欧美食品安全风险交流机制及其启示
　　　［J］. 食品与机械，2019，35（9）：102-106.

［19］温松梅. 发达国家食品召回法律制度的现实考察及其启示［J］. 世界农业，
　　　2017（5）：91-96.

［20］张勤，尹度. 日本产品召回管理制度研究［J］. 标准科学，2014（2）：
　　　89-93.

［21］贺彩虹，周子哲，李德胜，等. 中欧食品安全监管体系比较研究［J］.
　　　食品工业科技，2019，40（19）：216-220.

［22］叶军，杨川，丁雪梅. 日本食品安全风险管理体制及启示［J］. 农村经济，
　　　2009（10）：123-125.

［23］尹忠慧. 我国食品安全监管体系现状及对策［J］. 食品安全导刊，2017（9）：
　　　12-13.

［24］王欢. 我国食品安全监管体系的不足及完善措施［J］. 食品安全导刊，
　　　2016（15）：34.

［25］李岱宗. 我国食品安全监管体系现状及发展建议［J］. 现代食品，2018
　　　（24）：67-70.

［26］孟慧. 简论我国食品安全监督管理的不足和完善［J］. 河北企业，2017
　　　（5）：42-43.

［27］王勇. 加强餐饮业食品安全监督管理工作分析［J］. 食品安全导刊，
　　　2019（13）：64-66.

［28］席琳，李硕. 我国食用农产品网络交易的质量安全监管优化：评《农产
　　　品质量安全监督管理》［J］. 热带作物学报，2020，41（9）：1981-
　　　1982.

［29］焦雪芹. 农产品质量安全监督管理的问题及解决方法探究［J］. 农家参谋，

2021（7）：27-28.

［30］田慧娟. 保护食用农产品安全，检察公益诉讼如何追根溯源［J］. 食品安全导刊，2020（33）：59.

［31］刘红梅，刘凤松. 国内外食品安全法规与标准体系现状［J］. 中国食物与营养，2018，24（4）：23-25.

［32］张燕霞. 食品检验在食品安全保障中的重要性分析［J］. 现代食品，2019（14）：100-102.

［33］边红彪. 日本农产品质量安全保障体系［J］. 标准科学，2017（10）：33-37.

［34］史娜，陈艳，黄华，等. 国外食品安全监管体系的特点及对我国的启示［J］. 食品工业科技，2017，38（16）：239-241.

［35］张红凤，吕杰，王一涵. 食品安全监管效果研究：评价指标体系构建及应用［J］. 中国行政管理，2019（7）：132-138.

［36］马颖，吴燕燕，郭小燕. 食品安全管理中 HACCP 技术的理论研究和应用研究：文献综述［J］. 技术经济，2014，33（7）：82-89.

［37］刘婕. 浅谈 HACCP 管理体系在食品安全监督中的应用［J］. 中国食品添加剂，2015（9）：157-160.

［38］邓萍. 食品安全政府监管主体探究［J］. 学术交流，2016（8）：115-119.

［39］张周建，卢丹，陈雨奉，等. 食品安全标准在食品安全管理实践中的应用［J］. 食品安全质量检测学报，2017，8（4）：1514-1517.

［40］唐秀丽，阎霞. 食品安全标准现状及其对食品监管工作的影响［J］. 中国调味品，2019，44（4）：198-200.

［41］谢燕，周道志，曾凤仙. 主要发达国家食品安全监管体系研究［J］. 现代食品，2018（7）：60-62.

［42］贺彩虹，卢萱. 日本食品安全监管体系及其对我国的启示［J］. 中国管理信息化，2021，24（5）：195-199.

［43］董晓文. 日本食品安全监管法律制度的新发展及其启示［J］. 世界农业，2017（4）：120-125.

［44］崔亚楠. 建构 CAFTA 食品安全监管合作体系：基于欧盟食品安全监管经验［D］. 昆明：昆明理工大学，2015.

［45］王娜. 中日食品安全监管体制比较研究［D］. 北京：首都经济贸易大学，2015.